全国百佳图书出版单位
吉林出版集团股份有限公司

图书在版编目（CIP）数据

童眼认恐龙 ：100个恐龙知识 / 英童书坊编纂中心
编. -- 长春 ：吉林出版集团股份有限公司，2024.6（2025.2 重印）
ISBN 978-7-5731-3688-6

Ⅰ. ①童… Ⅱ. ①英… Ⅲ. ①恐龙－儿童读物 Ⅳ.
①Q915.864-49

中国国家版本馆CIP数据核字(2023)第115418号

童眼认恐龙　100个恐龙知识

TONGYAN REN KONGLONG　100　GE KONGLONG ZHISHI

编　　者：英童书坊编纂中心
责任编辑：欧阳鹏
技术编辑：王会莲
数字编辑：陈克娜
封面设计：壹行设计
配　　音：陈丸子
开　　本：889mm × 1194mm　1/12
字　　数：113千字
印　　张：4.5
版　　次：2024年6月第1版
印　　次：2025年2月第2次印刷

出　　版：吉林出版集团股份有限公司
发　　行：吉林出版集团外语教育有限公司
地　　址：长春市福祉大路5788号龙腾国际大厦B座7层
电　　话：总编办：0431-81629929
数字部：0431-81629937
发行部：0431-81629927　0431-81629921(Fax)
网　　址：www.360hours.com
印　　刷：吉林省创美堂印刷有限公司

ISBN 978-7-5731-3688-6　　定　　价：22.80元

举报电话：0431-81629929

目录

什么是恐龙

"恐龙"的意思是"恐怖的蜥蜴"。在发现了恐龙之后，英国古生物学家理查德·欧文，用拉丁文给它们创造了这个名称。恐龙是一群生活在中生代的霸主。它们拥有庞大的家族，属于爬行动物。通常，恐龙的眼睛长在脑袋的两侧，有一张大大的嘴巴，庞大的身躯上还连接着四条腿和一条尾巴。

与现代爬行动物（比如鳄鱼）不同，恐龙的四肢是从身体下面生长出来的。

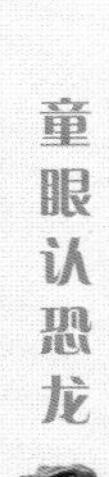

恐龙的分类

科学家根据恐龙腰带结构的差异，将恐龙分为蜥臀目和鸟臀目两大类。蜥臀目和鸟臀目恐龙的腰带在肠骨、坐骨、耻骨之间留下了一个小孔，这在其他各目的爬行动物中是没有的。蜥臀目有类似蜥蜴那样的腰，鸟臀目则与鸟类差不多。这两大类又可以划分为多个小类。

蜥臀目恐龙可以分为三类，而鸟臀目恐龙则可以分为五类。

影响恐龙成长的因素有很多，如气候、食物等。

恐龙的诞生与成长

kǒng lóng de dàn shēng yǔ chéng zhǎng

与现代的爬行动物一样，恐龙是靠生蛋来繁殖下一代的。恐龙蛋有圆形、卵圆形、椭圆形、橄榄形等多种形状。它们大小悬殊，蛋壳的表面有的光滑，有的具有纹理。恐龙的成长也同样受许多因素的影响，从一枚蛋到一个庞然大物，是一个不断发展变化的过程，这就是恐龙的成长。

恐龙的食性

kǒng lóng de shí xìng

按照食性，我们可将恐龙分为肉食性恐龙、植食性恐龙和杂食性恐龙。肉食性恐龙和植食性恐龙就是分别以肉类和植物作为主要食物来源的恐龙。而杂食性恐龙既吃植物又吃动物。在目前已知的恐龙中，只有很少一部分是杂食性恐龙，其中以似鸡龙、窃蛋龙为代表。杂食性恐龙的取食范围很广，包括很多种不同的植物和动物。

恐龙最初都是肉食性的，后来由于生存环境越来越恶劣，一部分恐龙不得不开始吃素，并逐渐适应了素食生活。

恐龙生活的时代

恐龙生活在距今约2亿年前的三叠纪时期至6500万年前的白垩纪晚期，活跃在整个中生代时期。三叠纪时期的陆地与现在的陆地截然不同，三叠纪时期只有一块大陆，被称为“泛古陆”，大概位于现在非洲所在的位置。恐龙是当时地球上的主宰者，因此科学家把这个时期称为“恐龙时代”。

中生代可以划分为三叠纪、侏罗纪和白垩纪。

恐龙同时代的伙伴

恐龙时代的动物以爬行动物为主，另外还有两栖动物、鱼类、昆虫等，古老的哺乳动物也在这一时期出现了。中生代时期恐龙统治着陆地，而当时统治海洋的是恐龙的远亲——海洋爬行动物，翼龙类也开始傲视苍穹。另外，当时的水中还生活着其他种类的动物，如鳄类、远古鱼类等。本书同样也收录了这些与恐龙生活在同一时代的远古巨兽。

翼龙是恐龙时代统治天空的爬行动物，虽然与恐龙有着共同的祖先，但它却并不是恐龙。

bù lā sài lóng
布拉塞龙

生存年代	三叠纪
分布区域	美国
身　长	3米
体　重	1吨
食　性	植食

布拉塞龙特别喜欢啃
食矮小的蕨类植物。

bù lā sài lóng shì yì zhǒng jí qún shēng huó de
布拉塞龙是一种集群生活的
zhí shí xìng pá xíng dòng wù tā men de shēn qū páng
植食性爬行动物。它们的身躯庞
dà sì zhī cū duǎn yǒu lì bù lā sài lóng dōu zhǎng
大，四肢粗短有力。布拉塞龙都长
zhe cháng cháng de liáo yá hé lèi sì niǎo huì yí yàng de
着长长的獠牙和类似鸟喙一样的
zuǐ zhè zhǒng gòu zào néng ràng tā men qīng sōng de kěn
嘴，这种构造能让它们轻松地啃
shí jiān yìng de zhí wù
食坚硬的植物。

āi léi lā lóng
埃雷拉龙

生存年代	三叠纪中晚期		
分布区域	阿根廷	体　重	0.18吨
身　长	5米	食　性	肉食

āi léi lā lóng yòng liǎng zú xíng zǒu shì yì zhǒng yí
埃雷拉龙用两足行走，是一种移
dòng sù dù jí kuài de kǒng lóng tā men de tóu gǔ cháng ér
动速度极快的恐龙。它们的头骨长而
dī píng yá chǐ chéng jù chǐ zhuàng néng láo láo de yǎo zhù
低平，牙齿呈锯齿状，能牢牢地咬住
liè wù āi léi lā lóng de tīng jué hěn líng mǐn gǔ gé xì
猎物。埃雷拉龙的听觉很灵敏，骨骼细
ér qīng qiǎo dòng zuò líng huó jī mǐn néng kuài sù bǔ zhuō
而轻巧，动作灵活机敏，能快速捕捉
liè wù
猎物。

埃雷拉龙长着锋利的
牙齿，一般的小猎物
都逃不过它的袭击。

hé lóng

盒龙

hé lóng shì yì zhǒng xiǎo xíng shòu jiǎo lèi
盒龙是一种小型兽脚类
kǒng lóng tā men de huà shí cún liàng fēi cháng shǎo gǔ shēng
恐龙，它们的化石存量非常少，古生
wù xué jiā gēn jù zhè xiē huà shí tuī duàn hé lóng de zhuǎ zi
物学家根据这些化石推断，盒龙的爪子
chéng wān qū zhuàng qiě shí fēn fēng lì kě yǐ kuài sù yǒu xiào
呈弯曲状且十分锋利，可以快速有效
de bǔ zhuō liè wù
地捕捉猎物。

盒龙拥有锋利的牙齿、巨大的爪子和强有力的后肢。

生存年代	三叠纪晚期
分布区域	北美洲
身　长	3 米
体　重	0.05 吨
食　性	肉食

qīn dí lóng

钦迪龙

生存年代	三叠纪晚期		
分布区域	北美洲	体　重	不详
身　长	2 米	食　性	肉食

qīn dí lóng de tóu bù dà ér chén
钦迪龙的头部大而沉
zhòng jù yǒu liáng hǎo de shì lì tā men
重，具有良好的视力。它们
hòu zhī fā dá néng gòu kuài sù bēn pǎo cǐ wài qīn dí lóng qiáng jiàn
后肢发达，能够快速奔跑。此外，钦迪龙强健
de qián zhī kě yǐ yǒu lì de zhuā zhù liè wù cháng ér jiān de yá chǐ kě
的前肢可以有力地抓住猎物，长而尖的牙齿可
yǐ qīng sōng de jiāng zhuā dào de liè wù sī suì
以轻松地将抓到的猎物撕碎。

钦迪龙的前肢十分强壮，可以有力地抓住猎物。

跳龙
tiào　lóng

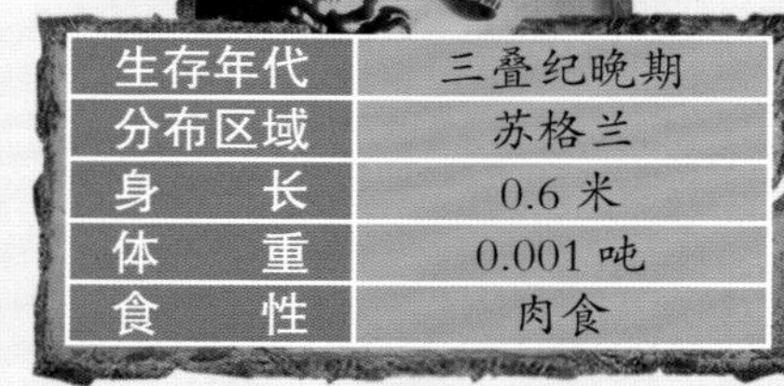

生存年代	三叠纪晚期
分布区域	苏格兰
身　长	0.6 米
体　重	0.001 吨
食　性	肉食

跳龙的嘴里长有小而尖
lì de yá chǐ　tā men de qián zhī hái zhǎng
利的牙齿。它们的前肢还长有十分锋利的指爪，所以能轻松地捕食小型动物。跳龙有时也会吃其他恐龙吃剩的动物尸体。它们用后肢行走，行动敏捷，能够轻
yì zhuī shàng liè wù
易追上猎物。

跳龙用后肢行走，
跑起来速度很快。

槽齿龙
cáo　chǐ　lóng

槽齿龙的牙齿像插
头一样插在不同的
齿槽里。

cáo chǐ lóng shì yì zhǒng yòng liǎng zú xíng zǒu de

槽齿龙是一种用两足行走的
kǒng lóng　qí qián zhī bǐ hòu zhī yào duǎn　tā men de tóu
恐龙，其前肢比后肢要短。它们的头部不大，身上长着大型指爪、修长的后肢、长颈部和长尾巴。槽齿龙的牙齿
chéng yè zhuàng　yǒu jù chǐ zhuàng biān yuán　qiě wèi yú chǐ cáo nèi
呈叶状，有锯齿状边缘，且位于齿槽内，
zhè yě shì cáo chǐ lóng míng zi de yóu lái
这也是槽齿龙名字的由来。

生存年代	三叠纪晚期
分布区域	英格兰
身　长	2 米
体　重	0.003 吨
食　性	植食

lǐ ào hā lóng

生存年代	三叠纪晚期		
分布区域	南美洲	体　重	4.5 吨
身　长	11 米	食　性	肉食

lǐ ào hā lóng tǐ xíng jù dà yōng yǒu jiē shi de tuǐ
里奥哈龙体形巨大，拥有结实的腿、
cháng bó zi hé cháng wěi ba tā men de qián hòu zhī cháng dù xiāng
长脖子和长尾巴。它们的前后肢长度相
jìn gǔ shēng wù xué jiā yīn cǐ tuī duàn tā men hěn kě néng shì yǐ sì zú
近，古生物学家因此推断它们很可能是以四足
fāng shì huǎn màn yí dòng de cǐ wài tā men zhōng kōng de jǐ zhuī gǔ
方式缓慢移动的。此外，它们中空的脊椎骨
yǒu xiào de jiǎn qīng le shēn tǐ de zǒng zhòng liàng
有效地减轻了身体的总重量。

里奥哈龙长长的爪子是它们自卫和觅食的好工具。

lǐ lǐ ēn lóng

理理恩龙

生存年代	三叠纪晚期
分布区域	德国
身　长	5.15 米
体　重	0.127 吨
食　性	肉食

lǐ lǐ ēn lóng shì yì zhǒng zǎo qī
理理恩龙是一种早期
de shòu jiǎo lèi kǒng lóng tā men bù jǐn néng
的兽脚类恐龙。它们不仅能
kuài sù bēn pǎo shǒu hé jiǎo shàng hái dōu zhǎng yǒu
快速奔跑，手和脚上还都长有
fēng lì de zhuǎ zi tā men de bó zi hé wěi
锋利的爪子。它们的脖子和尾
ba hěn cháng hòu zhī qiáng zhuàng yǒu lì lǐ lǐ
巴很长，后肢强壮有力。理理
ēn lóng tōng cháng huì zài shuǐ biān liè shí zhí shí xìng
恩龙通常会在水边猎食植食性
dòng wù
动物。

北极龙

生存年代	三叠纪晚期		
分布区域	加拿大	体　重	不详
身　长	3米	食　性	肉食

北极龙 běi jí lóng

北极龙生存于三叠纪晚期的加拿大。北极龙的化石只有一节颈椎，这块化石是在加拿大努纳武特地区的卡梅伦岛上被发现的，而该岛位于北极圈之内，所以其名字的意思为“北极蜥蜴”。

顾名思义，北极龙就是在北极被发现的恐龙。

8

秀尼鱼龙 xiù ní yú lóng

秀尼鱼龙

生存年代	三叠纪晚期
分布区域	北美洲附近海域
身　长	15~21米
体　重	不详
食　性	肉食

秀尼鱼龙是一种巨大的海洋爬行动物，体长比得上一辆公共汽车。它们的体形宽大笨重，鳍状肢很长且尺寸一致，其牙齿只长在嘴的前部。从体形上看，它们是一种可怕的掠食性动物。

秀尼鱼龙的尾鳍呈八字形，形状与海豚的尾鳍很相似。

qiāng gǔ lóng
腔骨龙

腔骨龙

qiāng gǔ lóng yòu jiào xū xíng lóng　　tā men de tóu
又叫虚形龙，它们的头

bù yǒu dà dòng kǒng　　rén men yīn cǐ chēng qí wéi　　qiāng
部有大洞孔，人们因此称其为“腔

gǔ lóng　　zhè ge tè diǎn kě yǐ bāng zhù tā men jiǎn qīng tóu gǔ
骨龙”。这个特点可以帮助它们减轻头骨

de zhòng liàng　　qiāng gǔ lóng de tǐ xíng qīng yíng xiān xì　　yīn cǐ
的重量。腔骨龙的体形轻盈纤细，因此

fēi cháng shàn yú bēn pǎo
非常善于奔跑。

腔骨龙的牙齿像匕首一样锋利。

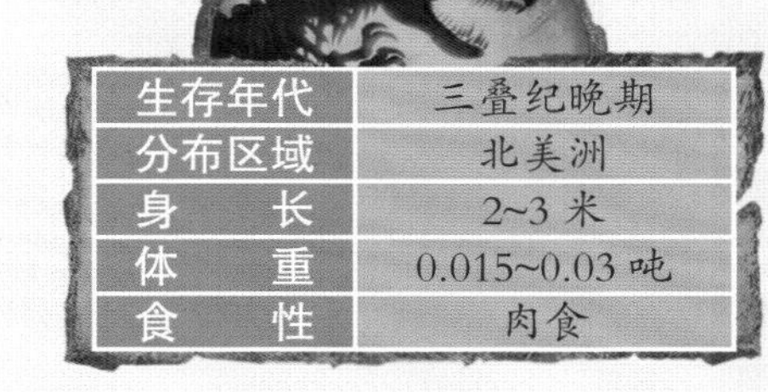

生存年代	三叠纪晚期
分布区域	北美洲
身　长	2~3 米
体　重	0.015~0.03 吨
食　性	肉食

bǎn　　lóng

板龙

bǎn lóng shì fēi cháng yǒu míng de kǒng lóng　　suī rán tā men

板龙是非常有名的恐龙，虽然它们

de qián zhī bǐ hòu zhī duǎn hěn duō　　dàn tā men què shǔ yú sì zú
的前肢比后肢短很多，但它们却属于四足

kǒng lóng　　yī kào sì zhī pá xíng　　bú guò　　yǒu shí wèi le chī dào gāo chù de zhī yè　　tā men yě huì yòng
恐龙，依靠四肢爬行。不过，有时为了吃到高处的枝叶，它们也会用

hòu zhī zhàn lì　　hàn jì shí　　bǎn lóng huì chéng qún de
后肢站立。旱季时，板龙会成群地

xiàng hǎi biān qiān xǐ
向海边迁徙。

生存年代	三叠纪晚期
分布区域	欧洲
身　长	6~8 米
体　重	约 4 吨
食　性	植食

板龙的脖子很长，而且颈部也比大多数恐龙要灵活。

生存年代	侏罗纪早期
分布区域	美国、中国
身　长	6~7 米
体　重	约 0.5 吨
食　性	肉食

shuāng jǐ lóng

双脊龙

双脊龙好看的头冠非常脆弱，并不适合用来打斗。

shuāng jǐ lóng zuì dú tè de dì
双脊龙最独特的地
fang shì tóu shàng zhǎng zhe liǎng piàn dà
方是头上长着两片大
dà de tóu guān　suǒ yǐ yòu bèi jiào zuò　shuāng
大的头冠，所以又被叫作“双
guān lóng　　yǔ hòu lái chū xiàn de dà xíng ròu shí xìng kǒng
冠龙”。与后来出现的大型肉食性恐
lóng xiāng bǐ　shuāng jǐ lóng de shēn tǐ xiǎn de bǐ jiào miáo tiao　xíng
龙相比，双脊龙的身体显得比较苗条，行
dòng yě hěn mǐn jié
动也很敏捷。

dà zhuī lóng

大椎龙

dà zhuī lóng de bó zi hé wěi ba suī rán hěn cháng　dàn shì

大椎龙的脖子和尾巴虽然很长，但是
dōu hěn líng huó　　cǐ wài　　tā men de xíng wéi fāng shì yě bǐ jiào qí
都很灵活。此外，它们的行为方式也比较奇
tè　yòu nián shí　tā men sì zhī děng cháng　yī kào sì zú xíng zǒu　dàn chéng nián hòu　yóu yú hòu zhī gèng
特。幼年时，它们四肢等长，依靠四足行走。但成年后，由于后肢更
cháng gèng qiáng zhuàng　dà zhuī lóng gèng xí guàn yòng hòu zhī xíng zǒu
长更强壮，大椎龙更习惯用后肢行走。

生存年代	侏罗纪早期
分布区域	非洲
身　长	6 米
体　重	约 0.135 吨
食　性	杂食

大椎龙的脖子虽然长，但非常灵活、有力。

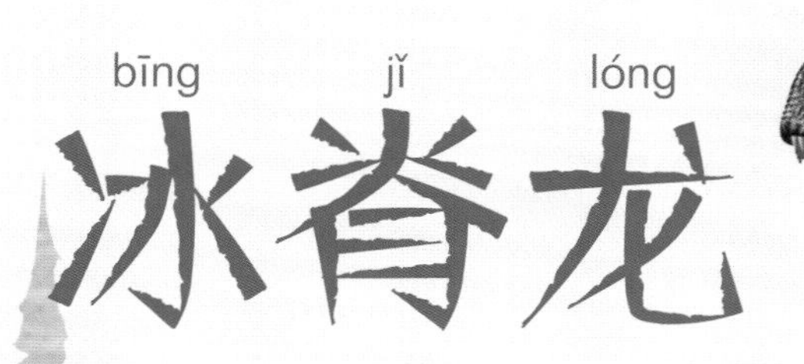

冰脊龙
bīng jǐ lóng

yīn qí zài nán jí zhōu bèi fā xiàn　　suǒ yǐ bèi mìng
因其在南极洲被发现，所以被命

míng wéi　　bīng jǐ lóng　　　　tā men shì dì yī zhǒng
名为“冰脊龙”。它们是第一种

zài nán jí zhōu bèi fā xiàn qiě bèi zhèng shì mìng míng de ròu
在南极洲被发现且被正式命名的肉

shí xìng kǒng lóng　　bīng jǐ lóng de qián zhǎo duǎn xiǎo ér fēng lì　　kě yǐ
食性恐龙。冰脊龙的前爪短小而锋利，可以

bāng zhù tā men qīng sōng sī kāi liè wù
帮助它们轻松撕开猎物。

冰脊龙眼睛的上方长着一个奇异的冠。

生存年代	侏罗纪早期
分布区域	南极洲
身　　长	6.5 米
体　　重	约 0.46 吨
食　　性	肉食

矛颌翼龙
máo hé yì lóng

máo hé yì lóng de tǐ xíng bú shì hěn dà

矛颌翼龙的体形不是很大，

dàn shì shēn tǐ hé sì zhī shí fēn qiáng zhuàng　　yóu
但是身体和四肢十分强壮，尤

qí shì xiàng cháng máo yí yàng fēng lì de zuǐ ba
其是像长矛一样锋利的嘴巴

huì ràng rén bù hán ér lì　　tā men de yá chǐ
会让人不寒而栗。它们的牙齿

cháng ér ruì lì　　kě yǐ yòng lái bǔ shí shuǐ
长而锐利，可以用来捕食水

zhōng de xiǎo xíng dòng wù
中的小型动物。

矛颌翼龙的大翅膀能让它们轻松地在水面上飞行。

生存年代	侏罗纪早期
分布区域	欧洲
身　　长	1.5~3 米
体　　重	不详
食　　性	肉食

蛇颈龙

shé jǐng lóng yōng yǒu xiǎo xiǎo de tóu cháng cháng de bó zi wū guī yí yàng de qū gàn hé dà ér yǒu

蛇颈龙拥有小小的头、长长的脖子、乌龟一样的躯干和大而有

lì de qí jiǎo yóu yú bó zi hěn cháng yòu néng shēn suō zì rú shé jǐng lóng jīng cháng kě yǐ zài bù yóu

力的鳍脚。由于脖子很长，又能伸缩自如，蛇颈龙经常可以在不游

dòng de qíngkuàng xià bǔ zhuō dào jù lí zì jǐ xiāng dāng yuǎn de shí wù

动的情况下，捕捉到距离自己相当远的食物。

shé jǐng lóng

蛇颈龙粗壮的腹部可用来囤积食物和增加浮力。

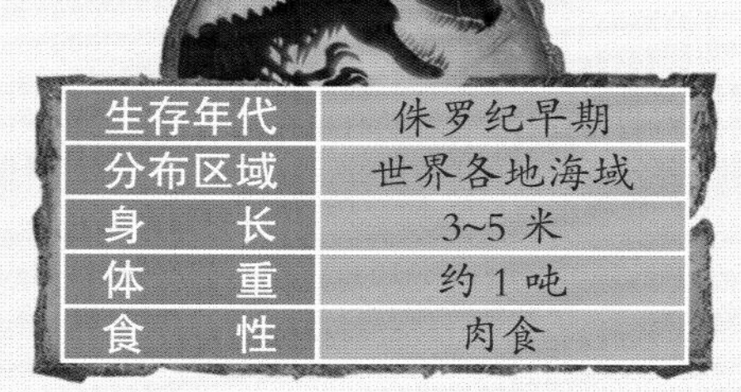

生存年代	侏罗纪早期
分布区域	世界各地海域
身　长	3~5 米
体　重	约 1 吨
食　性	肉食

é méi lóng

峨眉龙

é méi lóng shì yì zhǒng tǐ xíng jù

峨眉龙是一种体形巨大的蜥脚类恐龙。像梁龙一样，它们也拥有粗壮的身体、细长的脖子和长长的尾巴。但与梁龙有所不同

de shì tā men de bí kǒng wèi yú bí bù qián duān ér bú shì tóu dǐng

的是，它们的鼻孔位于鼻部前端，而不是头顶。

峨眉龙脖子的长度可以达到尾巴长度的1.5倍。

生存年代	侏罗纪中期
分布区域	亚洲
身　长	10~20 米
体　重	10~15 吨
食　性	植食

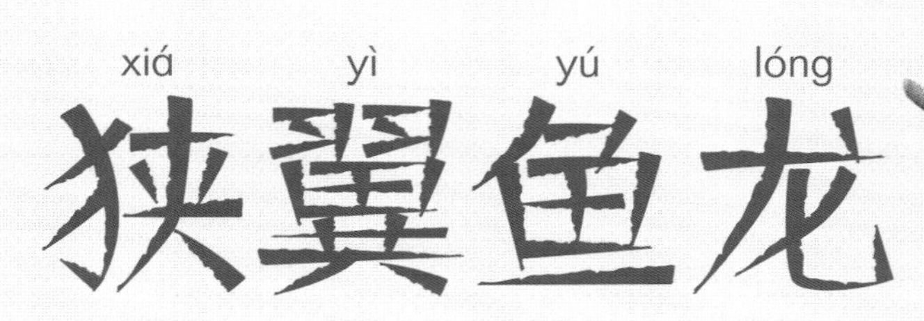

狭翼鱼龙

狭翼鱼龙是一种外形和海豚相似的海洋动物。它们拥有较小的头部、长长的嘴巴、巨大的牙齿、鳍状的四肢、光滑的皮肤和流线型的身体。狭翼鱼龙是游泳高手，能够在浩瀚的海洋中畅游、繁衍和捕食。

狭翼鱼龙的背鳍呈三角形，有助于游泳。

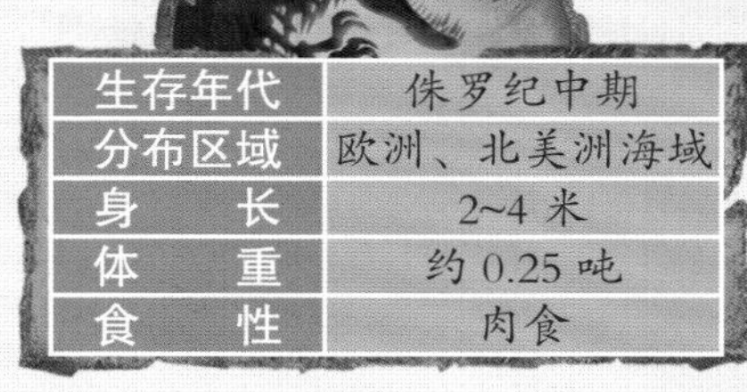

生存年代	侏罗纪中期
分布区域	欧洲、北美洲海域
身　长	2~4 米
体　重	约 0.25 吨
食　性	肉食

斑 龙

生存年代	侏罗纪中期		
分布区域	阿根廷	体　重	约 2 吨
身　长	9~12 米	食　性	肉食

斑龙有一口尖利的大牙，这些牙齿的尖端向后弯曲，就像一把把锋利的匕首一样，看起来十分可怕。一般的植食性恐龙根本不是斑龙的对手，只要它张开大嘴，就能让这些恐龙浑身发抖。

斑龙还有一个名字，叫巨齿龙。

单脊龙的上、下颌较长，而且嘴里长满了锋利的牙齿。

生存年代	侏罗纪中期
分布区域	中国新疆
身　长	约 5 米
体　重	约 0.45 吨
食　性	肉食

dān jǐ lóng
单脊龙

yǔ shuāng jǐ lóng yí yàng dān jǐ lóng yě shì yì zhǒng tóu shàng zhǎng yǒu tóu guān de kǒng lóng bù tóng de shì tā men zhǐ yǒu yí gè tóu guān

与双脊龙一样，单脊龙也是一种头上长有头冠的恐龙，不同的是，它们只有一个头冠。

suī rán dān jǐ lóng shì bān lóng de jìn qīn dàn tā men de tǐ xíng yào bǐ bān lóng xiǎo de duō zhǐ néng yǐ xiǎo xíng kǒng lóng hé shuǐ lǐ de yú lèi wéi shí

虽然单脊龙是斑龙的近亲，但它们的体形要比斑龙小得多，只能以小型恐龙和水里的鱼类为食。

huá chǐ lóng

滑齿龙

huá chǐ lóng shì yì zhǒng xiōng měng de hǎi shòu yōng yǒu cū zhuàng de shēn tǐ jù dà de cháng è mǎn zuǐ de jiān lì yá chǐ hé sì zhī zhōng děng dà xiǎo de jiǎng qí tā men de wěi zhuāng běn lǐng gāo chāo hái néng yòng bí zi dìng wèi liè wù yīn ér néng qīng sōng bǔ huò yì xiē xíng dòng jiào màn de liè wù

滑齿龙是一种凶猛的海兽，拥有粗壮的身体、巨大的长颚、满嘴的尖利牙齿和四只中等大小的桨鳍。它们的伪装本领高超，还能用鼻子定位猎物，因而能轻松捕获一些行动较慢的猎物。

滑齿龙的尾巴又粗又长，可以平衡身体、控制方向。

生存年代	侏罗纪中期
分布区域	欧洲附近海域
身　长	6~8 米
体　重	约 2 吨
食　性	肉食

jiǎo bí lóng
角鼻龙

yǔ yì tè lóng mán lóng zhè xiē dà xíng ròu shí xìng kǒng lóng xiāng bǐ jiǎo bí lóng zài wài xíng shàng bìng méi yǒu tài dà qū bié jǐn jǐn shì tǐ xíng yào shāo xiǎo yì xiē jiǎo bí lóng zuì tè bié de dì fang shì bí zi shàng yǒu yì zhī duǎn duǎn de jiǎo zhè yě shì qí míng zì de yóu lái

与异特龙、蛮龙这些大型肉食性恐龙相比，角鼻龙在外形上并没有太大区别，仅仅是体形要稍小一些。角鼻龙最特别的地方是鼻子上有一只短短的角，这也是其名字的由来。

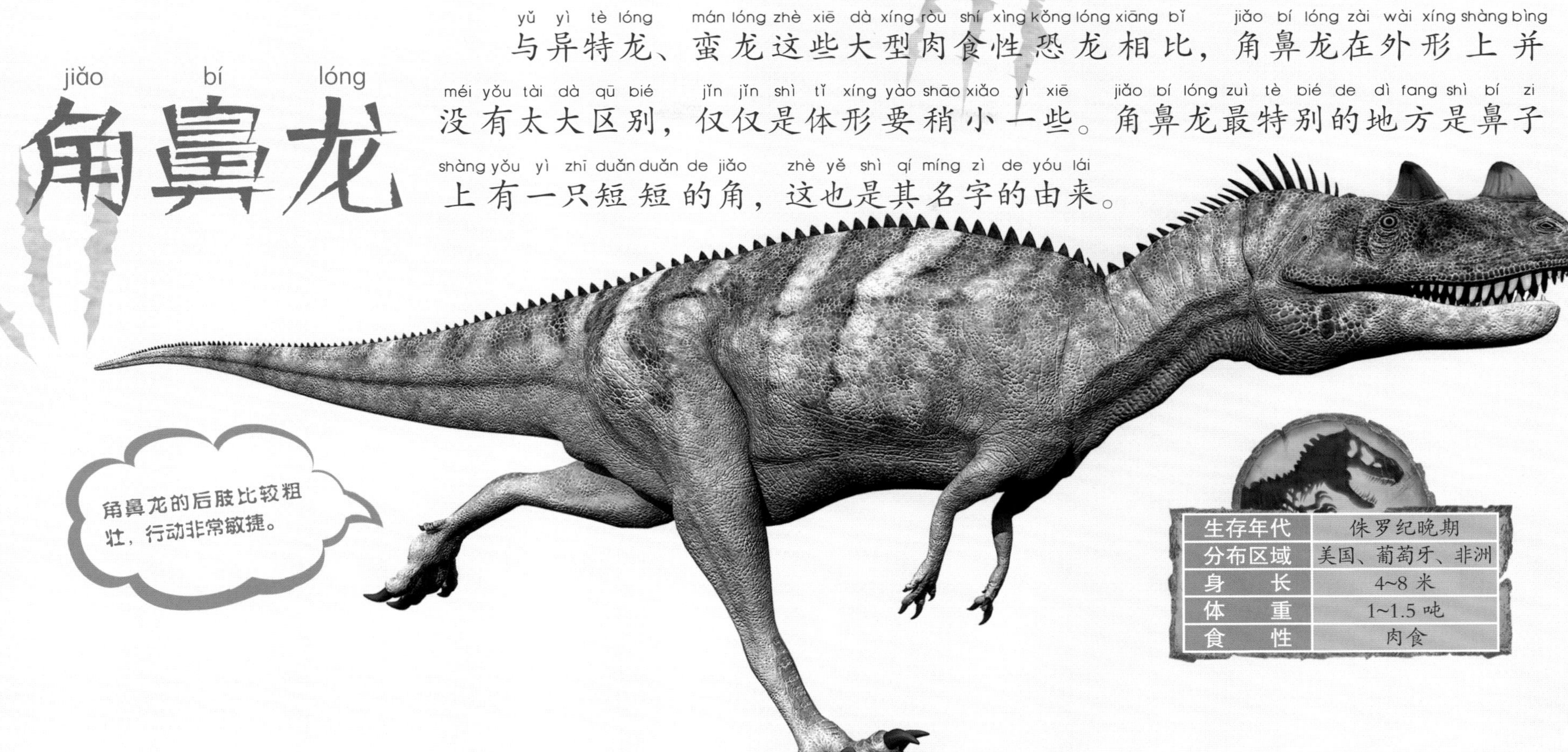
角鼻龙的后肢比较粗壮，行动非常敏捷。

生存年代	侏罗纪晚期
分布区域	美国、葡萄牙、非洲
身　长	4~8 米
体　重	1~1.5 吨
食　性	肉食

liáng lóng
梁龙

liáng lóng jù bèi le xī jiǎo lèi kǒng lóng suǒ yǒu de tè zhēng páng dà de tǐ xíng cháng cháng de bó zi xì cháng de wěi ba děng bú guò zuò wéi jù xíng kǒng lóng liáng lóng de tǐ zhòng què bìng bú shì hěn zhòng ér qiě bó zi hé wěi ba zhàn le tǐ cháng de hěn dà yí bù fen

梁龙具备了蜥脚类恐龙所有的特征：庞大的体形、长长的脖子、细长的尾巴等。不过，作为巨型恐龙，梁龙的体重却并不是很重，而且脖子和尾巴占了体长的很大一部分。

梁龙的脖子很长，但却无法抬得太高。

生存年代	侏罗纪晚期		
分布区域	北美洲	体　重	10~16 吨
身　长	约 27 米	食　性	植食

mí huò lóng

迷惑龙

生存年代	侏罗纪晚期		
分布区域	北美洲	体　重	18~32 吨
身　长	21~26 米	食　性	植食

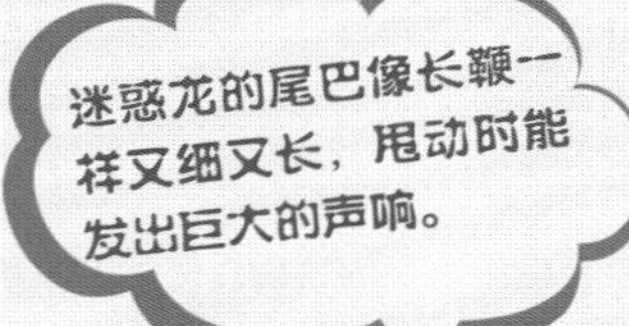

迷惑龙的尾巴像长鞭一样又细又长，甩动时能发出巨大的声响。

mí huò lóng de tǐ xíng suī rán hěn dà dàn xìng qíng shí fēn wēn hé xǐ huan hé tóng lèi yì qǐ zài píng yuán huò sēn lín lǐ shēng huó mí huò lóng sì zhī zháo dì shí hěn nán gòu dào gāo chù de zhī yè zhè shí tā men huì yòng hòu zhī zhī chēng shēn tǐ zhàn lì kěn shí gāo chù de nèn zhī nèn yè

迷惑龙的体形虽然很大，但性情十分温和，喜欢和同类一起在平原或森林里生活。迷惑龙四肢着地时，很难够到高处的枝叶，这时，它们会用后肢支撑身体站立，啃食高处的嫩枝嫩叶。

chā lóng

叉龙

叉龙的身体很结实，四肢也比较粗壮。

chā lóng shì yì zhǒng tè bié de xī jiǎo lèi kǒng lóng yě shì liáng lóng chāo kē zhōng de lì wài tā men bù jǐn bó zi hěn duǎn tǐ xíng hé nà xiē páng rán dà wù xiāng bǐ yě xiǎo le hěn duō yīn wèi gè zi ǎi duō kěn shí dī chù de shù yè suǒ yǐ chā lóng gēn běn bù dān xīn huì yǒu qí tā dà xíng kǒng lóng lái hé tā men qiǎng shí

叉龙是一种特别的蜥脚类恐龙，也是梁龙超科中的例外。它们不仅脖子很短，体形和那些庞然大物相比也小了很多。因为个子矮，多啃食低处的树叶，所以叉龙根本不担心会有其他大型恐龙来和它们抢食。

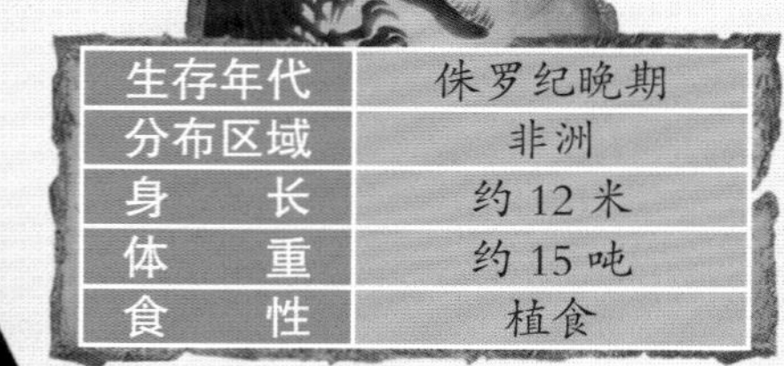

生存年代	侏罗纪晚期
分布区域	非洲
身　长	约 12 米
体　重	约 15 吨
食　性	植食

shǐ zǔ niǎo

始祖鸟

始祖鸟的嘴里布满了长而细小的牙齿。

shǐ zǔ niǎo zhǎng zhe xiàng niǎo yí
始祖鸟长着像鸟一
yàng de tóu hái yǒu zhǎo hé chì bǎng
样的头，还有爪和翅膀，
kě yǐ fēi xíng shǐ zǔ niǎo míng zi de
可以飞行。始祖鸟名字的
yì si shì yuán niǎo huò kāi shǐ de niǎo dàn
意思是“原鸟”或“开始的鸟”，但
tā men bìng bú shì niǎo lèi de zǔ xiān ér shì yì zhǒng xiǎo
它们并不是鸟类的祖先，而是一种小
xíng shòu jiǎo lèi kǒng lóng
型兽脚类恐龙。

生存年代	侏罗纪晚期
分布区域	德国
身　长	1.2 米
体　重	0.001 吨
食　性	肉食

měi hé lóng

美颌龙

měi hé lóng shì yì zhǒng xiǎo xíng kǒng lóng tā men de tǐ xíng xiān xì chéng liú
美颌龙是一种小型恐龙。它们的体形纤细，呈流
xiàn xíng měi hé lóng de qián zhī duǎn xiǎo hòu zhī jiào cháng zhǔ yào yòng hòu zú xíng
线型。美颌龙的前肢短小、后肢较长，主要用后足行
zǒu měi hé lóng quán lì bēn pǎo shí sù dù jí kuài shì jiǎo jiàn de liè
走。美颌龙全力奔跑时速度极快，是矫健的猎
shí zhě cǐ wài tā men hái huì pá shù
食者。此外，它们还会爬树。

美颌龙灵巧的尾巴可以让它们在丛林中自由穿行。

生存年代	侏罗纪晚期
分布区域	欧洲
身　长	1 米
体　重	0.004 吨
食　性	肉食

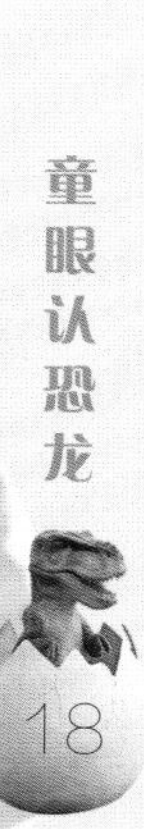

马门溪龙

马门溪龙最厉害的武器就是它的长尾巴。

马门溪龙是一种性情温和、体形巨大的植食性恐龙。它们的脖子能长到其体长的一半，远远超过其他的长脖子恐龙。不过，它们的长脖子十分僵硬，转动起来非常缓慢。

生存年代	侏罗纪晚期
分布区域	亚洲
身　长	22~35 米
体　重	20~30 吨
食　性	植食

异特龙

异特龙每颗向后弯曲的牙齿都像匕首一样锋利。

异特龙是著名的“杀手”，大多数时候，异特龙会采取偷袭的方式猎食小型恐龙，但要是遇到了大型恐龙，它们就会集结成群，通过共同合作来捕食猎物。

生存年代	侏罗纪晚期
分布区域	北美洲、非洲
身　长	约 10 米
体　重	1.5~3 吨
食　性	肉食

shí xī wáng lóng

生存年代	侏罗纪晚期		
分布区域	美国	体　重	4~8 吨
身　长	10~14 米	食　性	肉食

shí xī wáng lóng shì yì tè lóng kē kǒng
食蜥王龙是异特龙科恐
lóng zhōng tǐ xíng zuì dà de yì zhǒng yě shì zhū luó jì wǎn qī zuì
龙中体形最大的一种，也是侏罗纪晚期最
dà de ròu shí xìng kǒng lóng zhī yī zuò wéi shí wù liàn dǐng duān de dà xíng lüè shí
大的肉食性恐龙之一。作为食物链顶端的大型掠食
zhě tā kě néng huì cǎi qǔ fú jī de fāng shì qù gōng jī nà xiē dà xíng
者，它可能会采取伏击的方式，去攻击那些大型
xī jiǎo lèi kǒng lóng
蜥脚类恐龙。

食蜥王龙的皮肤比较粗糙，看起来非常威风。

yuán dǐng lóng

圆顶龙

yuán dǐng lóng shì xī jiǎo lèi kǒng lóng zhōng de xiǎo pàng dūnr tā men de bó
圆顶龙是蜥脚类恐龙中的“小胖墩儿”，它们的脖
zi wěi ba shèn zhì zhěng gè shēn tǐ dōu yào bǐ tóng lèi duǎn shàng yì jiér yě zhèng yīn wèi
子、尾巴甚至整个身体都要比同类短上一截儿。也正因为
bó zi tài duǎn tā men zhǐ néng chī dī ǎi shù mù de zhī yè dàn yuán dǐng lóng de sì zhī fēi
脖子太短，它们只能吃低矮树木的枝叶。但圆顶龙的四肢非
cháng cū jiù xiàng shù gàn yí yàng néng wěn wěn zhī chēng zì jǐ páng dà de shēn tǐ
常粗，就像树干一样，能稳稳支撑自己庞大的身体。

圆顶龙的脖子特别粗壮。

生存年代	侏罗纪晚期
分布区域	北美洲
身　长	约 18 米
体　重	约 20 吨
食　性	植食

永川龙的后腿又长又粗壮，能快速奔跑。
腕龙的尾巴非常粗，很有力量。

永川龙
yǒng chuān lóng

生存年代	侏罗纪晚期
分布区域	中国
身　长	10~11 米
体　重	约 4 吨
食　性	肉食

永川龙

yǒngchuānlóng xìng
“性

gé gū pì xǐ huan
格孤僻”，喜欢

dān dú xíng dòng měi zhǐ yǒng
单独行动。每只永

chuān lóng dōu yǒu zì jǐ de dì pánr zài zhè piàn qū
川龙都有自己的地盘儿，在这片区

yù tā men jǐ hū shì wú dí de jiù lián jù dà de
域，它们几乎是无敌的，就连巨大的

mǎ mén xī lóng dōu yǒu kě néng huì chéng wéi yǒngchuānlóng de
马门溪龙都有可能会成为永川龙的

liè wù
猎物。

腕龙
wàn lóng

生存年代	侏罗纪晚期
分布区域	北美洲
身　长	约 25 米
体　重	20~30 吨
食　性	植食

wàn lóng shì yì zhǒng tǐ xíng fēi cháng qí

腕龙是一种体形非常奇

tè de kǒng lóng cóng bó zi dào wěi ba kàn
特的恐龙，从脖子到尾巴，看

shàng qù jiù xiàng yí gè dà xié pō tā men de qián zhī
上去就像一个大斜坡。它们的前肢

bǐ hòu zhī gèng cháng gèng fā dá cháng bó zi zǒng shì gāo
比后肢更长、更发达，长脖子总是高

gāo yǎng qǐ zhè ràng tā men kàn qǐ lái gāo dà tǐng bá
高仰起，这让它们看起来高大挺拔。

钉状龙

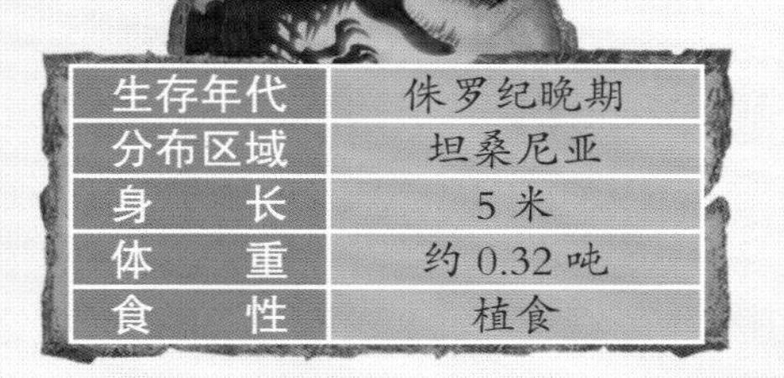

生存年代	侏罗纪晚期
分布区域	坦桑尼亚
身长	5 米
体重	约 0.32 吨
食性	植食

钉状龙又叫肯氏龙，身上长着很多像钉子一样的骨板，因此被称为“钉状龙”。钉状龙是剑龙类恐龙，但它们的个头儿跟一头犀牛差不多，只有剑龙的四分之一，算是剑龙家族里的小个子。

骨刺是钉状龙最好的防身武器。

欧罗巴龙

欧罗巴龙的外形和腕龙非常相似，但是它们的体形比腕龙小得多。欧罗巴龙的祖先原本也是大个子，但由于食物非常有限，它们不得不降低生长速度，维持较小的体形。

欧罗巴龙的眼睛很大，视力也很好。

生存年代	侏罗纪晚期
分布区域	欧洲
身长	1.7~6.3 米
体重	约 0.75 吨
食性	植食

嗜鸟龙的后腿强壮而有力。
剑龙的头非常小，还长着像鸟一样的尖喙。

嗜鸟龙

生存年代	侏罗纪晚期
分布区域	美国
身　长	1.8~2 米
体　重	0.013 吨
食　性	肉食

shì niǎo lóng

嗜鸟龙

shì niǎo lóng kě néng jù yǒu bǔ huò shǐ zǔ niǎo de néng
可能具有捕获始祖鸟的能
lì yīn cǐ bèi mìng míng wéi shì niǎo lóng tā men
力，因此被命名为“嗜鸟龙”。它们
bǔ liè shí hěn xǐ huan tū rán xí jī yí dàn fā xiàn
捕猎时很喜欢突然袭击。一旦发现
liè wù shì niǎo lóng huì xiān cáng qǐ qián zhī děng liè
猎物，嗜鸟龙会先藏起前肢，等猎
wù yí kào jìn jiù huì kuài sù shēn chū zhuǎ zi jiāng liè
物一靠近，就会快速伸出爪子，将猎
wù bǔ huò
物捕获。

jiàn

剑
lóng
龙

jiàn lóng shì tè zhēng zuì míng xiǎn de kǒng lóng zhī

剑龙是特征最明显的恐龙之
yī tā men de jǐ bèi gāo gāo lóng qǐ jiù xiàng yí
一。它们的脊背高高隆起，就像一
zuò gǒng qǐ de xiǎo shān shàng miàn hái pái liè zhe
座拱起的小山，上面还排列着
liǎng liè dà xiǎo bù děng de duō biān xíng gǔ
两列大小不等的多边形骨
zhì jí bǎn jiàn lóng wěi ba mò duān hái
质棘板。剑龙尾巴末端还
yǒu liǎng duì cháng dá yì mǐ de gǔ zhì
有两对长达一米的骨质
jiàn cì zhè kě shì tā men zuì zhì
尖刺，这可是它们最致
mìng de wǔ qì
命的武器。

生存年代	侏罗纪晚期
分布区域	北美洲
身　长	6~12 米
体　重	2~4 吨
食　性	植食

jù cì lóng

巨刺龙

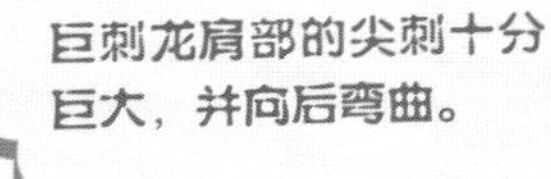

巨刺龙肩部的尖刺十分巨大，并向后弯曲。

jù cì lóng shēn shàng de liǎng pái gǔ bǎn dà bù fen chéng cháng sān jiǎo xíng cóng jǐng bù kāi shǐ yán zhe bèi bù fēn bù lìng wài tā men de jiān bǎng shàng hái zhǎng zhe yí duì jù dà de jiān cì qí cháng dù shèn zhì bǐ qián zhī hái cháng tā men yě yīn cǐ ér dé míng

巨刺龙身上的两排骨板大部分呈长三角形，从颈部开始沿着背部分布。另外，它们的肩膀上还长着一对巨大的尖刺，其长度甚至比前肢还长，它们也因此而得名。

生存年代	侏罗纪晚期
分布区域	亚洲
身　长	5~6 米
体　重	1.5 吨
食　性	植食

dá kè lóng

达克龙

dá kè lóng shì dāng shí de dǐng jí lüè shí zhě zài hǎi è lèi zhōng dá kè lóng de tǐ xíng suàn shì bǐ jiào dà de ér qiě shì wéi yī yì zhǒng yá chǐ chéng jù chǐ zhuàng de hǎi è lìng wài tā men de shēn tǐ chéng liú xiàn xíng sì zhī wéi qí zhuàng zhī wěi ba yǐ jìn huà chéng le wěi qí

达克龙是当时的顶级掠食者。在海鳄类中，达克龙的体形算是比较大的，而且是唯一一种牙齿呈锯齿状的海鳄。另外，它们的身体呈流线型，四肢为鳍状肢，尾巴已进化成了尾鳍。

生存年代	侏罗纪晚期	身　长	4~5 米
分布区域	欧洲、南美洲附近海域	体　重	不详
		食　性	肉食

昆卡猎龙背部的隆肉可能具有调节体温的功能。
鱼猎龙眼睛的前方有一个小小的突起。

昆卡猎龙

生存年代	白垩纪早期
分布区域	西班牙
身　　长	6 米
体　　重	0.8 吨
食　　性	肉食

kūn kǎ liè lóng

昆卡猎龙

kūn kǎ liè lóng yě
也

jiào tuó bèi lóng　shì shā chǐ
叫驼背龙，是鲨齿

lóng lèi kǒng lóng zhōng tuǐ zuì cháng
龙类恐龙中腿最长

de yì zhǒng　tā men shì shàn cháng bēn pǎo　xíng dòng mǐn jié de lüè shí zhě
的一种。它们是擅长奔跑、行动敏捷的掠食者。

nián　xī bān yá gǔ shēng wù xué jiā duì biāo běn huà shí jìn xíng le zhèng
2010 年，西班牙古生物学家对标本化石进行了正

shì xù shù hé mìng míng　chēng qí wéi　kūn kǎ liè lóng
式叙述和命名，称其为“昆卡猎龙”。

24

yú liè lóng

鱼猎龙

生存年代	白垩纪早期		
分布区域	老挝	体　　重	3 吨
身　　长	9 米	食　　性	肉食

鱼猎龙

yú liè lóng de
的

shēn tǐ jiào shòu　zhǎng zhe liǎng
身体较瘦，长着两

gè fēn kāi de bèi jí　fēi cháng xǐ huan
个分开的背棘，非常喜欢

chī yú　rán ér　yú liè lóng bìng bù shēng huó zài shuǐ lǐ　ér shì
吃鱼。然而，鱼猎龙并不生活在水里，而是

shēng huó zài lù dì shàng　tā men de huà shí shì　nián zài lǎo wō bèi
生活在陆地上。它们的化石是 2010 年在老挝被

fā xiàn de
发现的。

kuí zhòu lóng

魁纣龙

生存年代	白垩纪中期		
分布区域	阿根廷	体　重	约 9 吨
身　长	约 13.5 米	食　性	肉食

zài kuí zhòu lóng shēng cún de shí
在魁纣龙生存的时
dài lǐ tā men jué duì shì míng fù qí shí de dǐng jí lüè shí zhě
代里，它们绝对是名副其实的顶级掠食者
hé dāng zhī wú kuì de wáng zhě yóu yú qí gǔ gé gòu zào hé bà
和当之无愧的王者。由于其骨骼构造和霸
zhǔ dì wèi dōu yǔ bà wáng lóng yǒu xiē xiāng sì suǒ yǐ tā men yě
主地位都与霸王龙有些相似，所以它们也
bèi chēng wéi ā gēn tíng de bà wáng lóng
被称为“阿根廷的霸王龙”。

魁纣龙的前肢无法碰到地面，只能用两条后腿站立。

gǔ jiǎo lóng

古角龙

生存年代	白垩纪早期
分布区域	中国甘肃
身　长	1 米
体　重	0.015~0.025 吨
食　性	植食

gǔ jiǎo lóng shì yì zhǒng
古角龙是一种
yòng liǎng zú xíng zǒu de xiǎo xíng kǒng
用两足行走的小型恐
lóng tā men de tóu bù hěn qí
龙。它们的头部很奇
tè yǒu zhe lèi sì yīng wǔ de
特，有着类似鹦鹉的
huì zhuàng zuǐ gǔ jiǎo lóng shì jiǎo lóng lèi de shǐ zǔ dàn yǔ
喙状嘴。古角龙是角龙类的始祖，但与
hòu qī de jiǎo lóng lèi kǒng lóng bù tóng tā men de tóu dùn hěn
后期的角龙类恐龙不同，它们的头盾很
xiǎo yě méi yǒu jiǎo
小，也没有角。

虽然叫古角龙，它却没有长角。

yīng wǔ zuǐ lóng

鹦鹉嘴龙

生存年代	白垩纪早期
分布区域	亚洲
身　长	1~2 米
体　重	不详
食　性	植食

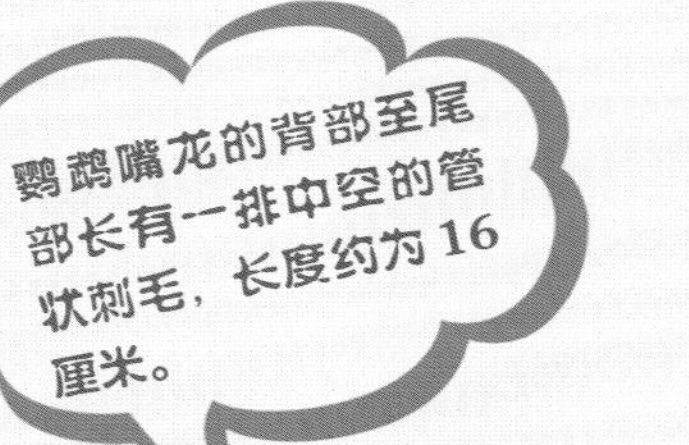

鹦鹉嘴龙的背部至尾部长有一排中空的管状刺毛，长度约为 16 厘米。

yīn wèi tā men zhǎng zhe yì zhāng kù
因为它们长着一张酷
sì yīng wǔ de zuǐ suǒ yǐ bèi mìng míng wéi
似鹦鹉的嘴，所以被命名为
yīng wǔ zuǐ lóng yǒu qù de shì tā men de zuǐ lǐ
“鹦鹉嘴龙”。有趣的是，它们的嘴里
zhǐ zhǎng zhe jǐ kē fēng lì de yòng yú sī chě zhí wù de yá chǐ yīn wèi
只长着几颗锋利的用于撕扯植物的牙齿。因为
wú fǎ jǔ jué tā men zǒng shì tūn shí yì xiē xiǎo shí kuàir yǐ
无法咀嚼，它们总是吞食一些小石块儿，以
bāng zhù mó suì hé xiāo huà wèi lǐ de shí wù
帮助磨碎和消化胃里的食物。

xī jié lóng

蜥结龙

生存年代	白垩纪早期
分布区域	北美洲
身　长	5 米
体　重	1.5 吨
食　性	植食

蜥结龙的身体长着很多尖刺，可以用来防御袭击。

xī jié lóng yě jiào dùn jiǎ lóng tǐ xíng gēn
蜥结龙也叫楯甲龙，体形跟
jīn tiān de hēi xī niú chà bu duō shì yì zhǒng tǐ
今天的黑犀牛差不多，是一种体
xíng jiào xiǎo de jiǎ lóng lèi kǒng lóng
形较小的甲龙类恐龙。
yīn wèi shēn tǐ shàng fù gài zhe gǔ
因为身体上覆盖着骨
bǎn hé jiān cì xī jié lóng de tǐ
板和尖刺，蜥结龙的体
zhòng fēi cháng zhòng suǒ yǐ tā men kě néng bú
重非常重，所以它们可能不
shàn yú bēn pǎo
善于奔跑。

振元翼龙

振元翼龙的体形并不算大，但是它们的牙齿却非常大，而且数量相当多。它们会用锋利的牙齿或尖爪捕捉水面附近的猎物，其捕猎方式和现代某些鸟非常相似。

振元翼龙的翅膀是由皮肤、肌肉和其他软组织构成的膜。

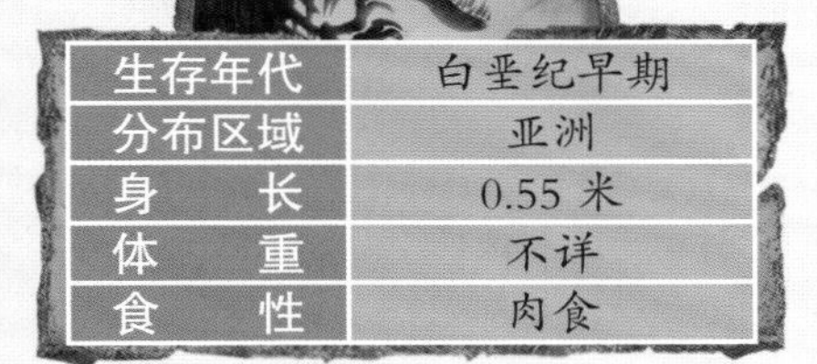

生存年代	白垩纪早期
分布区域	亚洲
身　　长	0.55 米
体　　重	不详
食　　性	肉食

帝鳄

帝鳄背上的鳞甲十分坚硬。

生存年代	白垩纪早期
分布区域	非洲
身　　长	约 10 米
体　　重	约 8 吨
食　　性	肉食

帝鳄堪称“鳄王”，是曾经存活过的最大型鳄类动物之一。除了体形巨大之外，帝鳄的巨嘴里有 100 多颗粗而锋利的圆锥形牙齿，背上还有一排排鳞甲，能像装甲一样防御敌人的袭击。

wěi yǔ lóng
尾羽龙

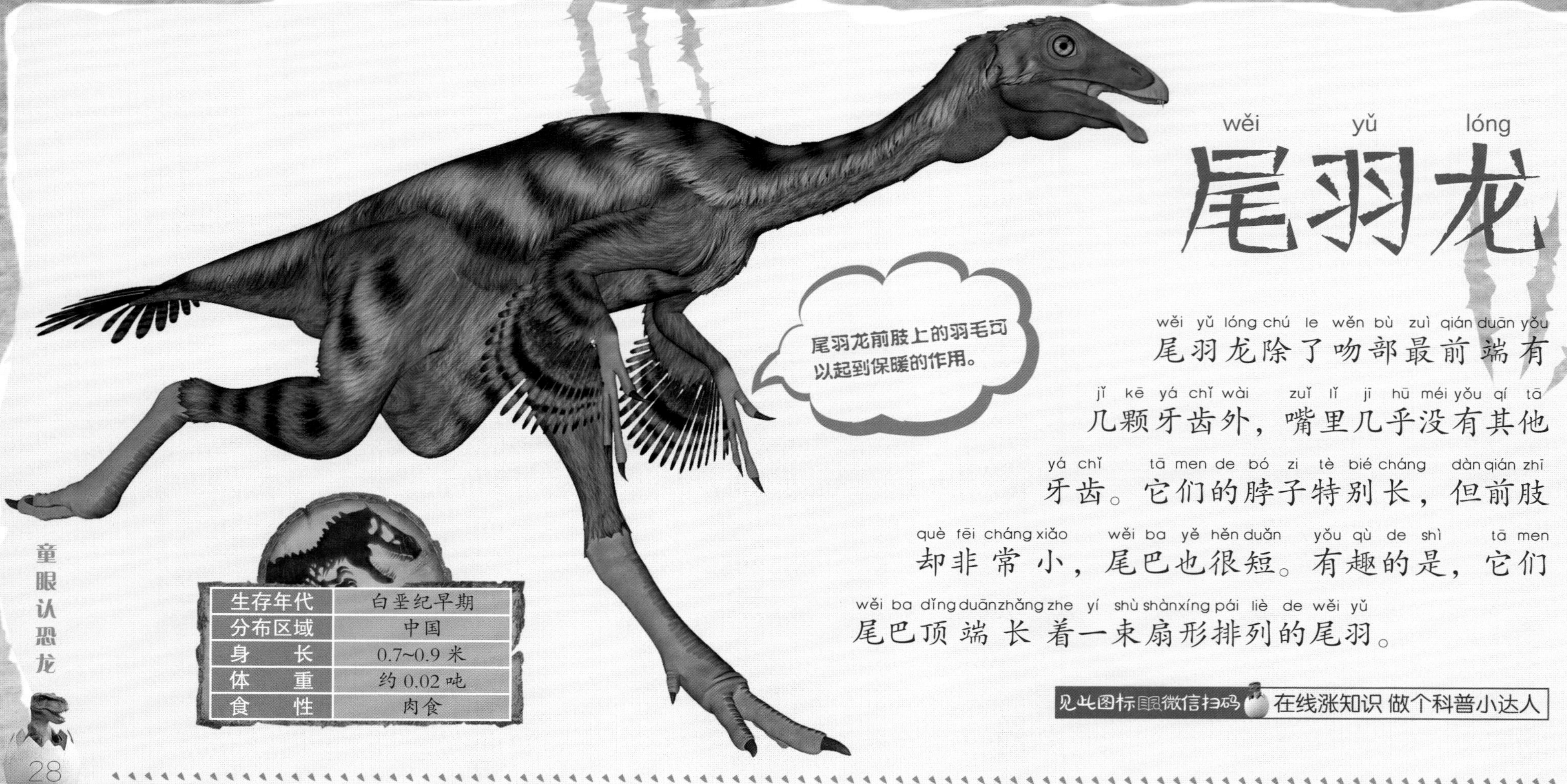

尾羽龙前肢上的羽毛可以起到保暖的作用。

wěi yǔ lóng chú le wěn bù zuì qián duān yǒu

尾羽龙除了吻部最前端有

jǐ kē yá chǐ wài zuǐ lǐ jī hū méi yǒu qí tā
几颗牙齿外，嘴里几乎没有其他

yá chǐ tā men de bó zi tè bié cháng dàn qián zhī
牙齿。它们的脖子特别长，但前肢

què fēi cháng xiǎo wěi ba yě hěn duǎn yǒu qù de shì tā men
却非常小，尾巴也很短。有趣的是，它们

wěi ba dǐng duān zhǎng zhe yí shù shàn xíng pái liè de wěi yǔ
尾巴顶端长着一束扇形排列的尾羽。

生存年代	白垩纪早期
分布区域	中国
身　长	0.7~0.9 米
体　重	约 0.02 吨
食　性	肉食

见此图标微信扫码 在线涨知识 做个科普小达人

xiǎo dào lóng

小盗龙

小盗龙的四肢和尾巴上长着漂亮的羽毛。

xiǎo dào lóng de zhǎng xiàng fēi cháng qí

小盗龙的长相非常奇

tè tā men tǐ xíng fēi cháng jiāo xiǎo yǒu de
特，它们体形非常娇小，有的

shèn zhì hái méi yǒu yì zhī jī zhòng xiǎo dào lóng de
甚至还没有一只鸡重。小盗龙的

sì zhī hé wěi ba dōu zhǎng zhe yǔ máo suī rán
四肢和尾巴都长着羽毛，虽然

bù néng fēi xíng dàn tā men què kě yǐ lì yòng chì
不能飞行，但它们却可以利用翅

bǎng kuài sù pān pá shù gàn bǔ shí liè wù
膀快速攀爬树干，捕食猎物。

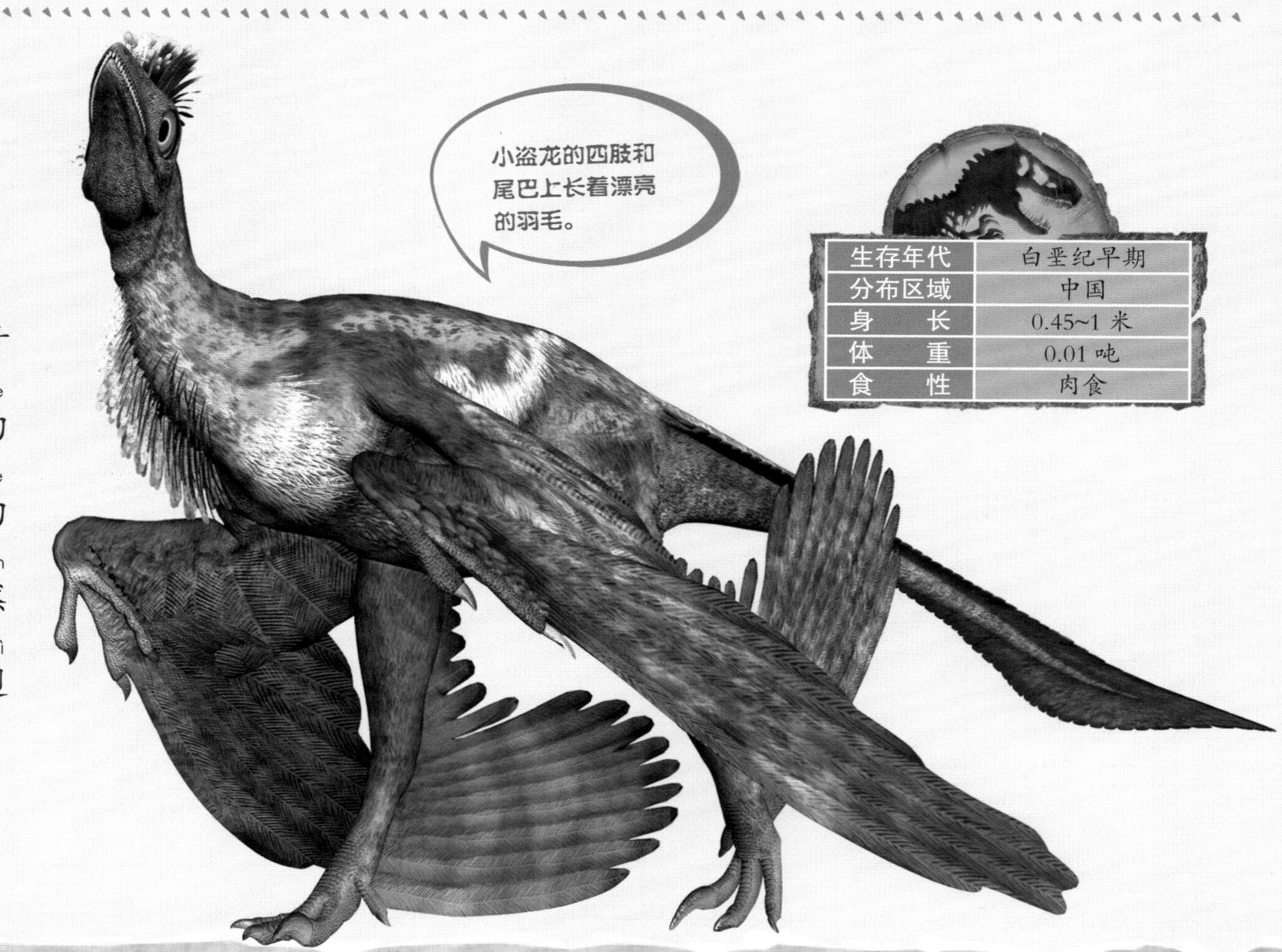

生存年代	白垩纪早期
分布区域	中国
身　长	0.45~1 米
体　重	0.01 吨
食　性	肉食

léng chǐ lóng
棱齿龙

生存年代	白垩纪早期	身　长	1.4~2.3 米
分布区域	欧洲、北美洲等	体　重	0.05~0.07 吨
		食　性	植食

léng chǐ lóng de yá chǐ shàng yǒu wǔ liù tiáo léng suǒ yǐ bèi rén men chēng zuò léng chǐ lóng tā men yòng liǎng zú xíng zǒu zài bái è jì zǎo qī de běi měi zhōu dà lù hé ōu zhōu dà lù shàng dào chù dōu kě yǐ kàn dào tā men de shēn yǐng tā men de shì lì jīng rén de mǐn ruì

棱齿龙的牙齿上有五六条棱，所以被人们称作“棱齿龙”。它们用两足行走，在白垩纪早期的北美洲大陆和欧洲大陆上，到处都可以看到它们的身影。它们的视力惊人的敏锐。

棱齿龙的身高大约到一个成年人的腰部。

ā mǎ jiā lóng
阿马加龙

ā mǎ jiā lóng shì yì zhǒng zhǎng xiàng hěn yǒu tè diǎn de kǒng lóng tā men cóng tóu bù dào bèi bù zhǎng zhe píng xíng pái liè de jí cì zhè xiē jí cì zhī jiān zhǎng yǒu pí mó jiù xiàng shì yí miàn dà fān kě yǐ yòng lái tiáo jié tǐ wēn mí huò ròu shí xìng kǒng lóng yǐ jí yǔ tóng bàn jìn xíng gōu tōng

阿马加龙是一种长相很有特点的恐龙。它们从头部到背部长着平行排列的棘刺。这些棘刺之间长有皮膜，就像是一面大帆，可以用来调节体温、迷惑肉食性恐龙以及与同伴进行沟通。

阿马加龙的后肢比前肢长，所以站立时身子有点儿前倾。

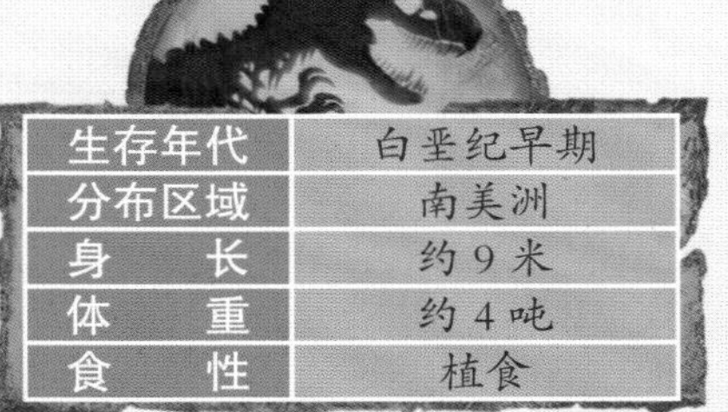

生存年代	白垩纪早期
分布区域	南美洲
身　长	约 9 米
体　重	约 4 吨
食　性	植食

波塞东龙

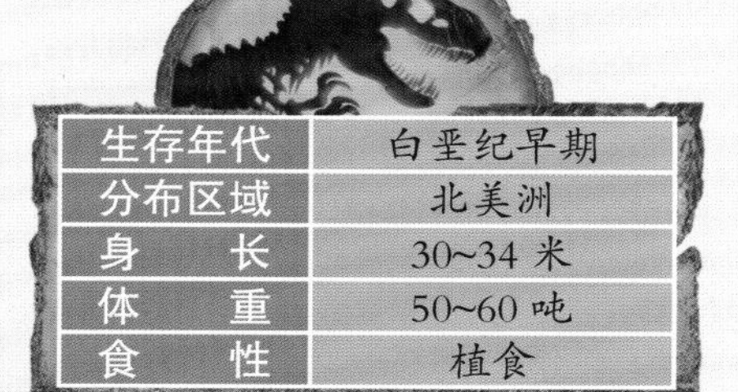

生存年代	白垩纪早期
分布区域	北美洲
身　　长	30~34 米
体　　重	50~60 吨
食　　性	植食

波塞东龙的身形非常高大，能达到17米高。之所以这么高，是因为它们有一个长达12米的脖子。这个脖子虽然很长，但并不重，因为它们的颈椎具有蜂窝状结构，里面是中空的。

波塞东龙的躯干短粗，但脖子细长，外形和长颈鹿很像。

禽龙

生存年代	白垩纪早期		
分布区域	欧洲	体　　重	约 3 吨
身　　长	约 10 米	食　　性	植食

禽龙的嘴里有100多颗细小的牙齿，这些牙齿可以不断生长、替换，所以禽龙能够以坚硬的植物为食。禽龙通常使用两足行走，但随着年龄及体重的增加，它们也会采取四足方式行走和奔跑。

禽龙的后肢粗壮发达，因此奔跑速度极快。

gāo jí lóng

高棘龙

生存年代	白垩纪早期
分布区域	美国、加拿大
身　　长	10~13 米
体　　重	5~7 吨
食　　性	肉食

gāo jí lóng zuì míng xiǎn de tè zhēng jiù shì bèi shàng gāo dà de
高棘龙最明显的特征就是背上高大的
bèi jí zhè xiē jù dà de shén jīng tū qǐ yì zhí cóng jǐng bù yán shēn
背棘，这些巨大的神经突起一直从颈部延伸
dào tún bù qí míng zi yě yīn cǐ ér lái gāo jí lóng
到臀部，其名字也因此而来。高棘龙
de qián zhī bú shì hěn líng huó yě bù néng dà fú dù wān
的前肢不是很灵活，也不能大幅度弯
qū suǒ yǐ tā men zhǔ yào hái shi yòng zuǐ lái bǔ shí
曲，所以它们主要还是用嘴来捕食。

高棘龙的肩膀很宽，身体十分强壮。

ní rì ěr lóng

尼日尔龙

生存年代	白垩纪中期		
分布区域	尼日尔	体　　重	约 4 吨
身　　长	9 米	食　　性	植食

ní rì ěr lóng tǐ xíng
尼日尔龙体形
xiāng duì jiào xiǎo zhǎng xiàng
相对较小，长相
qí tè nǎo dai xiàng chǎn zi zuǐ ba
奇特，脑袋像铲子，嘴巴
xiàng xī chén qì kuān dà de zuǐ lǐ zhǎng zhe mì
像吸尘器，宽大的嘴里长着密
mì má má de zhēn xíng yá chǐ ní rì ěr lóng zài chī dōng
密麻麻的针形牙齿。尼日尔龙在吃东
xi shí huì biān bǎi dòng bó zi biān kěn shí kàn shàng qù jiù
西时，会边摆动脖子边啃食，看上去就
xiàng shì yì tái dà xíng gē cǎo jī
像是一台大型割草机。

尼日尔龙的尾巴可以用来抵御敌人的进攻。

阿根廷龙

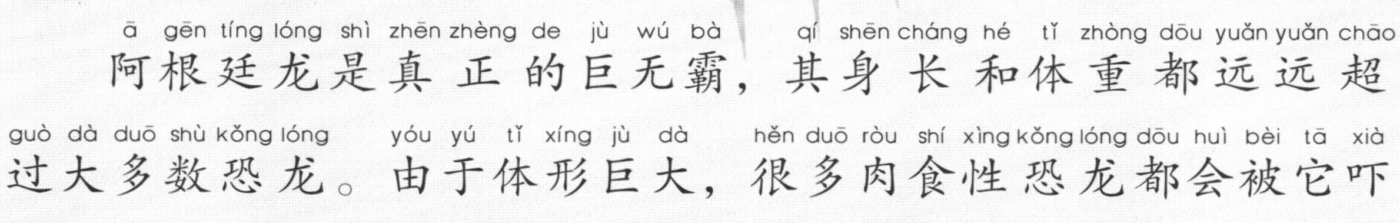

阿根廷龙是真正的巨无霸，其身长和体重都远远超过大多数恐龙。由于体形巨大，很多肉食性恐龙都会被它吓退，而唯一能对它们造成威胁的，可能只有当地的马普龙了。

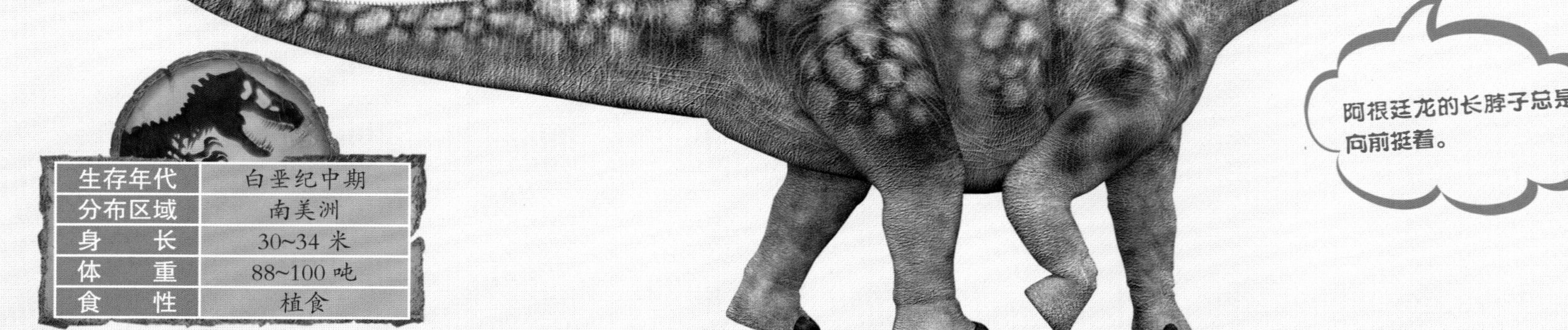

生存年代	白垩纪中期
分布区域	南美洲
身　　长	30~34 米
体　　重	88~100 吨
食　　性	植食

鲨齿龙

听到“鲨齿龙”的名字，人们自然就会想到它们那酷似鲨鱼的牙齿。的确，鲨齿龙的牙齿几乎是所有肉食性恐龙中最锋利的。虽然鲨齿龙的体形稍小，但这丝毫没有影响到它们的凶猛程度。

生存年代	白垩纪中期
分布区域	非洲
身　　长	11~14 米
体　　重	6~11 吨
食　　性	肉食

ā gēn tíng lóng
阿根廷龙

ā gēn tíng lóng shì zhēn zhèng de jù wú bà qí shēn cháng hé tǐ zhòng dōu yuǎn yuǎn chāo
阿根廷龙是真正的巨无霸，其身长和体重都远远超
guò dà duō shù kǒng lóng yóu yú tǐ xíng jù dà hěn duō ròu shí xìng kǒng lóng dōu huì bèi tā xià
过大多数恐龙。由于体形巨大，很多肉食性恐龙都会被它吓
tuì ér wéi yī néng duì tā men zào chéng wēi xié de kě néng zhǐ yǒu dāng dì de mǎ pǔ lóng le
退，而唯一能对它们造成威胁的，可能只有当地的马普龙了。

阿根廷龙的长脖子总是向前挺着。

生存年代	白垩纪中期
分布区域	南美洲
身　长	30~34 米
体　重	88~100 吨
食　性	植食

shā chǐ lóng
鲨齿龙

tīng dào shā chǐ lóng de míng zi rén men zì rán jiù huì xiǎng dào tā men nà kù sì shā yú de yá
听到"鲨齿龙"的名字，人们自然就会想到它们那酷似鲨鱼的牙
chǐ dí què shā chǐ lóng de yá chǐ jǐ hū shì suǒ yǒu ròu shí xìng kǒng lóng zhōng zuì fēng lì de suī rán shā
齿。的确，鲨齿龙的牙齿几乎是所有肉食性恐龙中最锋利的。虽然鲨
chǐ lóng de tǐ xíng shāo xiǎo dàn zhè sī háo méi yǒu yǐng xiǎng dào tā men de xiōng měng chéng dù
齿龙的体形稍小，但这丝毫没有影响到它们的凶猛程度。

鲨齿龙的牙齿虽然单薄，却非常锋利。

生存年代	白垩纪中期
分布区域	非洲
身　长	11~14 米
体　重	6~11 吨
食　性	肉食

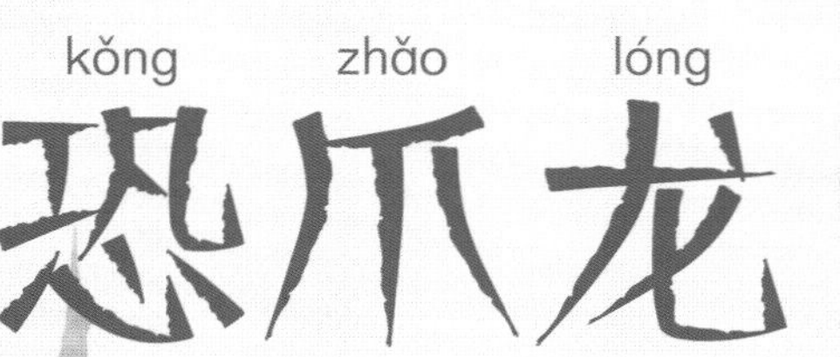

恐爪龙

生存年代	白垩纪中期		
分布区域	美国	体　　重	约 0.073 吨
身　　长	约 3.4 米	食　　性	肉食

恐爪龙是一种体形较小的肉食性恐龙，它们很聪明，行动也十分敏捷，常会采

qǔ chéng qún bǔ liè de zhàn shù tā men zuì zhù
取成群捕猎的战术。它们最著

míng de tè zhēng jiù shì hòu zhī dì èr zhǐ shàng
名的特征就是后肢第二趾上

nà lián dāo zhuàng de lì zhǎo zhè yě shì kǒng
那镰刀状的利爪，这也是恐

zhǎo lóng zuì yǒu lì de wǔ qì
爪龙最有力的武器。

恐爪龙手掌很大，长着三根指爪。

童眼认恐龙

33

南方巨兽龙

nán fāng jù shòu lóng

生存年代	白垩纪中期		
分布区域	阿根廷	体　　重	8~10 吨
身　　长	11~14 米	食　　性	肉食

nán fāng jù shòu lóng shì shēng

南方巨兽龙是生

huó zài ā gēn tíng dì qū de yì
活在阿根廷地区的一

zhǒng ròu shí xìng kǒng lóng yǔ qí tā
种肉食性恐龙。与其他

shā chǐ lóng kē kǒng lóng yí yàng tā men
鲨齿龙科恐龙一样，它们

yōng yǒu yì kǒu duō ér fēng lì qiě kě yǐ zài shēng de yá
拥有一口多而锋利且可以再生的牙齿，所以能够捕食大型的植食性恐龙。

南方巨兽龙的两条后腿强壮，虽然提高了奔跑时的稳定性，但也降低了奔跑速度。

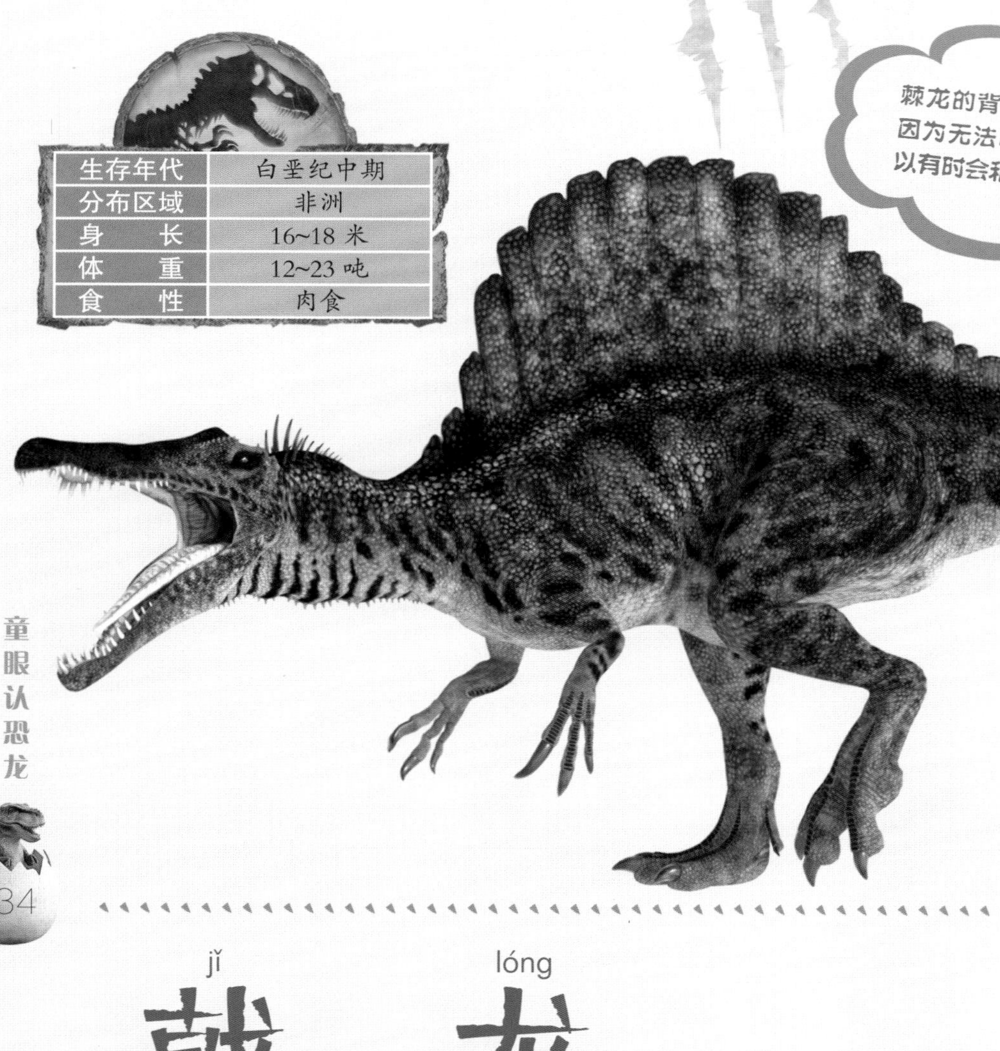
棘龙的背帆有一米多高，因为无法收拢和折叠，所以有时会稍显笨拙。

生存年代	白垩纪中期
分布区域	非洲
身　长	16~18 米
体　重	12~23 吨
食　性	肉食

棘龙

jí lóng zuì xiǎn zhù de tè zhēng jiù shì bèi shàng dú tè de cháng jí
棘龙最显著的特征就是背上独特的长棘，
zhè xiē cháng jí zhī jiān yǒu pí fū lián jiē xíng chéng le yí gè jù dà de
这些长棘之间有皮肤连接，形成了一个巨大的
fān zhuàng wù jí lóng suī rán yě néng bǔ shí yì xiē zhí shí xìng kǒng lóng
帆状物。棘龙虽然也能捕食一些植食性恐龙，
dàn tā men zuì zhǔ yào de shí wù què shì shuǐ lǐ de yú lèi
但它们最主要的食物却是水里的鱼类。

戟龙

jǐ lóng yòu jiào cì dùn jiǎo lóng tā men de nǎo
戟龙又叫刺盾角龙，它们的脑
dai hěn dà zhǎng zhe yì zhī dà dà
袋很大，长着一只大大
de bí jiǎo jǐ lóng xíng dòng huǎn
的鼻角。戟龙行动缓
màn bù néng kuài sù bēn pǎo rú guǒ
慢，不能快速奔跑。如果
yǒu ròu shí xìng kǒng lóng gōng jī jǐ
有肉食性恐龙攻击，戟
lóng huì yòng qí fēng lì de jiān jiǎo qù
龙会用其锋利的尖角去
měng cì dí rén
猛刺敌人。

戟龙的头盾可以保护自己柔软的颈部。

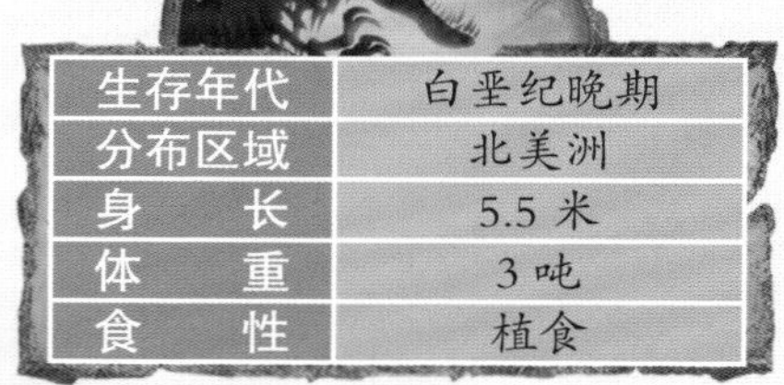

生存年代	白垩纪晚期
分布区域	北美洲
身　长	5.5 米
体　重	3 吨
食　性	植食

shàn guān dà tiān é lóng

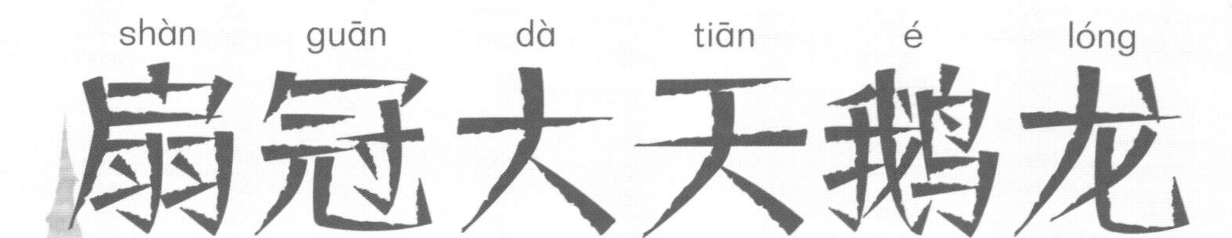

扇冠大天鹅龙

生存年代	白垩纪晚期
分布区域	俄罗斯
身　长	12 米
体　重	不详
食　性	植食

shàn guān dà tiān é lóng de zuǐ lǐ zhǎng zhe shù bǎi kē bú duàn shēng zhǎng tì huàn de xì xiǎo yá chǐ tā men zuì yǐn rén zhù mù de jiù shì nà qí tè de tóu guān dāng kōng qì cóng tā men de tóu guān chuān guò shí huì fā chū xiǎng liàng de shēng yin zhè zhǒng shēng yīn kě yòng lái xī yǐn yì xìng huò zhě xiàng tóng bàn chuán dì xìn xī

扇冠大天鹅龙的嘴里长着数百颗不断生长、替换的细小牙齿。它们最引人注目的就是那奇特的头冠。当空气从它们的头冠穿过时，会发出响亮的声音，这种声音可用来吸引异性或者向同伴传递信息。

扇冠大天鹅龙的嘴和鸭子的嘴很像。

lài shì lóng

赖氏龙

lài shì lóng yòu jiào lán bó lóng tā men de zuǐ ba biǎn biǎn de tā men jì néng yòng sì zhī xíng zǒu yě néng jiāng shēn tǐ zhí lì yī kào jiàn zhuàng de hòu zhī yí dòng lài shì lóng de tóu shàng hái zhǎng zhe yí gè zhōng kōng de fǔ tóu zhuàng jǐ guān kě yǐ fā shēng

赖氏龙又叫兰伯龙，它们的嘴巴扁扁的。它们既能用四肢行走，也能将身体直立，依靠健壮的后肢移动。赖氏龙的头上还长着一个中空的斧头状脊冠，可以发声。

生存年代	白垩纪晚期
分布区域	北美洲
身　长	15 米
体　重	约 23 吨
食　性	植食

生存年代	白垩纪晚期		
分布区域	美国	体　重	30 吨
身　长	20 米	食　性	植食

双角龙没有鼻角，鼻端只有一个圆形隆起。

shuāng jiǎo lóng

双角龙

shuāng jiǎo lóng shēng huó zài jù jīn yuē
双角龙生活在距今约
wàn nián qián yǔ sān jiǎo lóng xiāng bǐ
7500 万年前。与三角龙相比，
shuāng jiǎo lóng de tóu bù bǐ jiào duǎn tā men
双角龙的头部比较短。它们
zhǎng zhe yì zhāng fēng lì de huì zhuàng zuǐ xǐ
长着一张锋利的喙状嘴，喜
huan chī dāng shí de jué lèi sū tiě zhēn yè shù
欢吃当时的蕨类、苏铁、针叶树
děng zhí wù
等植物。

sì jī lóng

似鸡龙

似鸡龙的小脑袋上长着一双大大的眼睛。

sì jī lóng de nǎo dai xiǎoxiǎo de yǎn jing hěn
似鸡龙的脑袋小小的，眼睛很
dà zhǎng zài tóu bù liǎng cè suī rán lì tǐ shì jué bù
大，长在头部两侧，虽然立体视觉不
qiáng què gèng róng yì fā xiàn sì zhōu de wēi xiǎn yóu yú
强，却更容易发现四周的危险。由于
sì jī lóng de hòu tuǐ tè bié cháng suǒ yǐ tā men bēn pǎo qǐ
似鸡龙的后腿特别长，所以它们奔跑起
lái sù dù jí kuài
来速度极快。

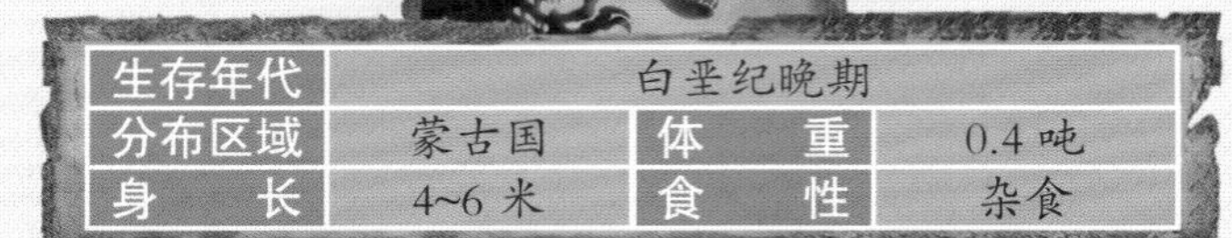

生存年代	白垩纪晚期		
分布区域	蒙古国	体　重	0.4 吨
身　长	4~6 米	食　性	杂食

lián dāo lóng

镰刀龙

生存年代	白垩纪晚期
分布区域	中国、蒙古国
身　长	10 米
体　重	6~7 吨
食　性	杂食

lián dāo lóng zhǎng zhe jù dà de zhǐ zhǎo jiù
镰刀龙长着巨大的指爪，就
xiàng yòng lái chú cǎo de dà lián dāo tā men yě yīn cǐ ér dé míng
像用来除草的大镰刀，它们也因此而得名。
lián dāo lóng de lā dīng wén yì wéi lián dāo xī yì
镰刀龙的拉丁文意为“镰刀蜥蜴”，
tā men shēn shàng kě néng zhǎng zhe yǔ máo dàn yīn
它们身上可能长着羽毛，但因
tǐ zhòng shí zài tài zhòng suǒ yǐ kěn dìng wú fǎ
体重实在太重，所以肯定无法
fēi xíng
飞行。

镰刀龙的指爪长度接近1米，整个前肢长度可能超过3米。

è mó jiǎo lóng

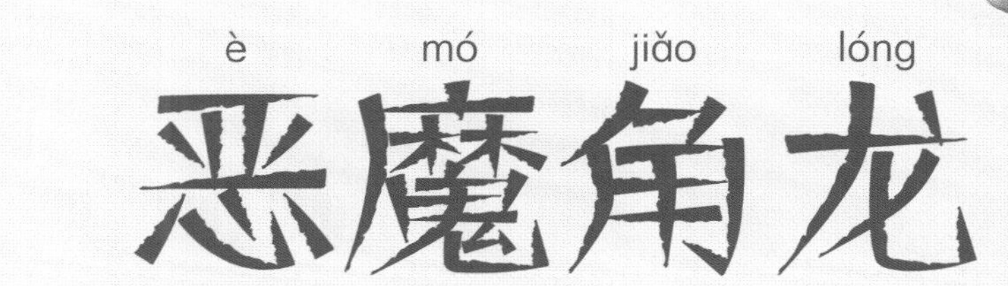

恶魔角龙

生存年代	白垩纪晚期		
分布区域	北美洲	体　重	不详
身　长	3 米	食　性	植食

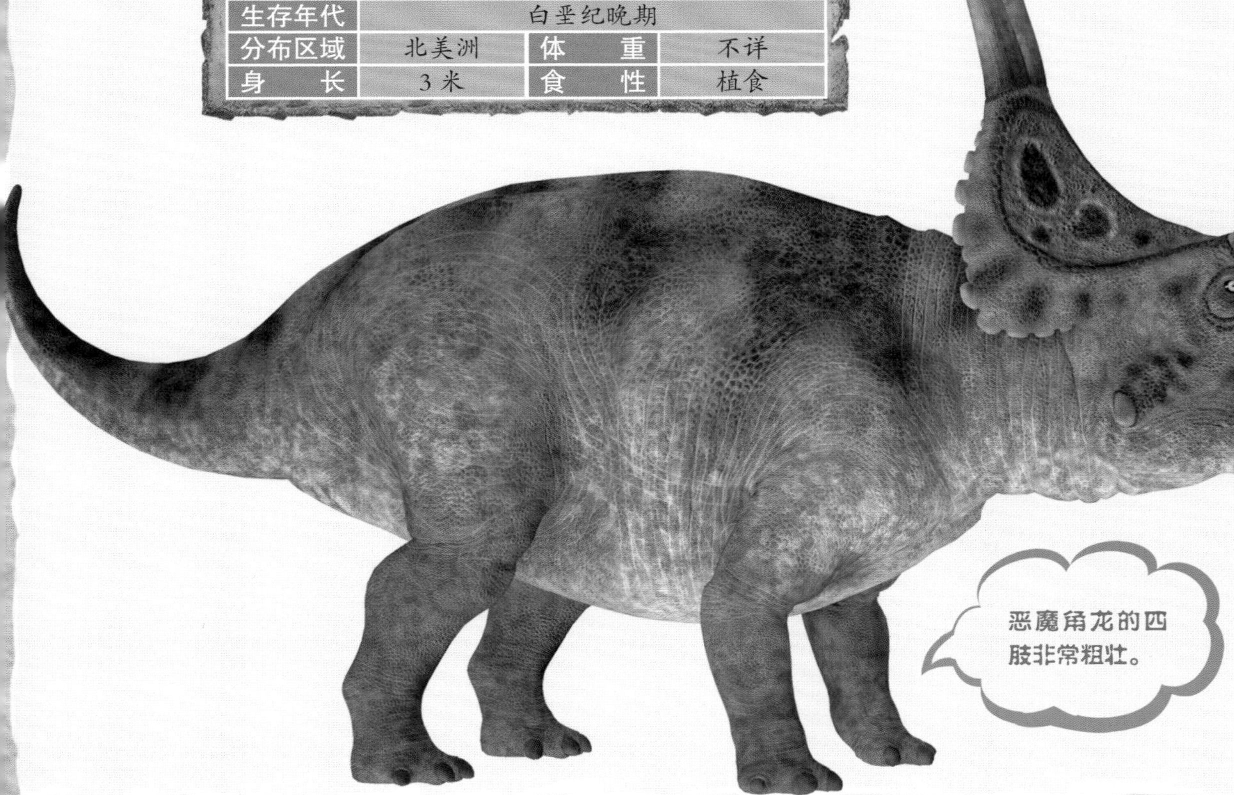

è mó jiǎo lóng de míng zi zhà yì tīng
恶魔角龙的名字乍一听
shàng qù lìng rén shēng wèi dàn qí shí tā men
上去令人生畏，但其实它们
zhǐ shì yì zhǒng zhǎng xiàng qí tè de
只是一种长相奇特的
jiǎo lóng lèi kǒng lóng tā men de zuǐ
角龙类恐龙。它们的嘴
ba hé bí zi dōu hěn duǎn ér bí bù yǒu
巴和鼻子都很短，而鼻部有
gè xiǎo xíng lóng qǐ yǎn jing shàng fāng yǒu yí duì
个小型隆起，眼睛上方有一对
xiǎo xíng é jiǎo
小型额角。

包头龙

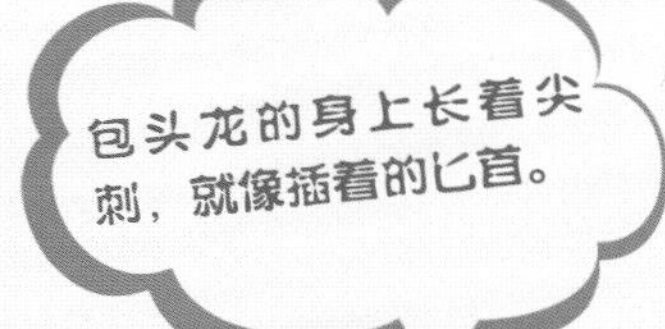

生存年代	白垩纪晚期
分布区域	北美洲
身　长	6米
体　重	3吨
食　性	植食

包头龙的身上长着尖刺，就像插着的匕首。

_{bāo　tóu　lóng}

包头龙

_{bāo tóu lóng yòu jiào yōu tóu jiǎ lóng　shì zuì dà de jiǎ lóng}
又叫优头甲龙，是最大的甲龙

_{lèi kǒng lóng zhī yī　bāo tóu lóng hún}
类恐龙之一。包头龙浑

_{shēn zhǎng zhe jiān cì zhuāng jiǎ}
身长着尖刺装甲，

_{gè tóur　bǐ jiào ǎi　wěi ba mò shāo zhǎng}
个头儿比较矮，尾巴末梢长

_{zhe yì bǎ dà wěi chuí　tā men suī rán kàn zhe hěn bèn zhòng}
着一把大尾锤。它们虽然看着很笨重，

_{dàn pǎo qǐ lái sù dù què fēi cháng kuài}
但跑起来速度却非常快。

38

_{lán　wěi　lóng}

篮尾龙

_{jīng guò duì qí huà shí de yán jiū　kǎo gǔ}

生存年代	白垩纪晚期		
分布区域	蒙古国	体　重	2吨
身　长	4~6米	食　性	植食

经过对其化石的研究，考古

_{xué jiā tuī duàn lán wěi lóng de qī xī dì kě néng}
学家推断篮尾龙的栖息地可能

_{shì dī dì huò píng yuán　zài jiǎ lóng lèi kǒng lóng}
是低地或平原。在甲龙类恐龙

_{zhōng　lán wěi lóng de tǐ xíng xiāng}
中，篮尾龙的体形相

_{duì jiào xiǎo　yīn cǐ xiǎn dé gēng}
对较小，因此显得更

_{jiā xì cháng　qí sù dù yǔ fáng yù}
加细长，其速度与防御

_{xìng yě dōu dé dào le tí shēng}
性也都得到了提升。

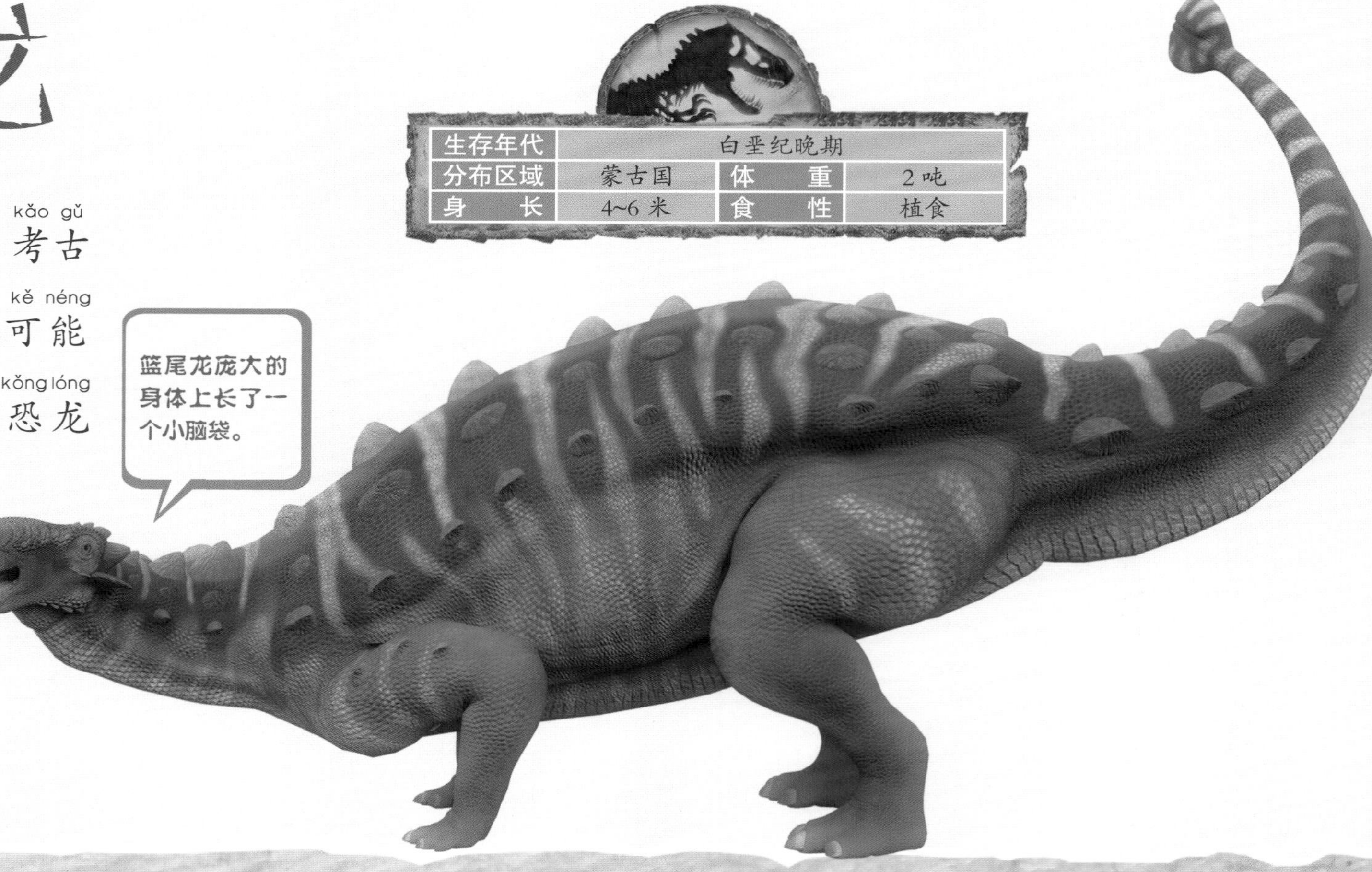

篮尾龙庞大的身体上长了一个小脑袋。

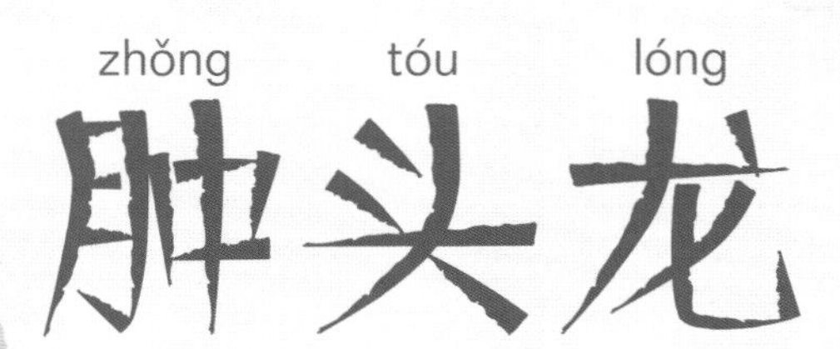

肿头龙
zhǒng tóu lóng

生存年代	白垩纪晚期		
分布区域	北美洲、亚洲	体　　重	约 0.46 吨
身　　长	1.5 米	食　　性	植食

zhǒng tóu lóng yōng yǒu cū duǎn de jǐng bù　duǎn qián zhī hé

肿头龙拥有粗短的颈部、短前肢和

cháng hòu zhī　yīn wèi tóu dǐng shàng zhǎng zhe yí gè jù
长后肢。因为头顶上长着一个巨

liú　xiàng zhǒng le yí yàng　suǒ yǐ bèi mìng míng wéi
瘤，像肿了一样，所以被命名为

zhǒng tóu lóng　rú guǒ dí rén lái xí　zhǒng tóu lóng
肿头龙。如果敌人来袭，肿头龙

jiù huì yòng zhè ge jù liú qù zhuàng jī dí rén
就会用这个巨瘤去撞击敌人。

肿头龙的视觉非常敏锐。

长喙龙
cháng huì lóng

生存年代	白垩纪晚期	身　　长	约 4.5 米
分布区域	北美洲附近海域	体　　重	不详
		食　　性	肉食

长喙龙经常利用尾巴来控制前进的方向。

cháng huì lóng shì

长喙龙是

yì zhǒng hǎi yáng pá xíng dòng
一种海洋爬行动

wù　zuì míng xiǎn de tè zhēng
物，最明显的特征

shì yōng yǒu yí gè　yòu cháng yòu zhǎi de zuǐ
是拥有一个又长又窄的嘴

ba　tā men de zuǐ lǐ yǒu　　kē yá chǐ　néng
巴。它们的嘴里有 30~40 颗牙齿，能

sǐ sǐ yǎo zhù liè wù　bìng jiāng liè wù zhěng gè tūn xià　tā men
死死咬住猎物，并将猎物整个吞下。它们

zài lù dì shàng huó dòng shí hěn bèn zhuō　dàn shì zài shuǐ zhōng què hěn líng huó
在陆地上活动时很笨拙，但是在水中却很灵活。

生存年代	白垩纪晚期		
分布区域	蒙古国	体　重	约 1.2 吨
身　长	5~6 米	食　性	肉食

fēn zhī lóng

分支龙

分支龙

fēn zhī lóng hé wǒ men shú zhī de bà wáng lóng dōu shì bào
和我们熟知的霸王龙都是暴
lóng chāo kē de kǒng lóng yǔ jìn qīn bà wáng lóng xiāng bǐ fēn
龙超科的恐龙。与近亲霸王龙相比，分
zhī lóng suī tǐ xíng jiào xiǎo dàn bǔ shí qǐ liè wù lái què háo bú
支龙虽体形较小，但捕食起猎物来却毫不
xùn sè yīn wèi yǒu yì kǒu fēng lì de yá chǐ tā men shèn
逊色。因为有一口锋利的牙齿，它们甚
zhì kě yǐ bǔ shí tài tǎn jù lóng
至可以捕食泰坦巨龙。

分支龙也是用两条后腿站立的。

虐龙

生存年代	白垩纪晚期		
分布区域	美国	体　重	约 1 吨
身　长	约 9 米	食　性	肉食

nüè lóng de huà shí shì zài nián bèi fā xiàn

虐龙的化石是在 1990 年被发现
de kāi shǐ shí kē xué jiā yǐ wéi zhè shì bào lóng chāo kē lìng yì
的。开始时，科学家以为这是暴龙超科另一
zhǒng kǒng lóng ài bó tǎ lóng de huà shí zhí dào
种恐龙——艾伯塔龙的化石。直到 2010
nián gǔ shēng wù xué jiā cái jiāng qí dìng yì wéi yì zhǒng xīn
年，古生物学家才将其定义为一种新
de kǒng lóng bìng qǔ míng wéi nüè lóng
的恐龙，并取名为虐龙。

虐龙嘴里锋利的牙齿是它们捕猎的重要武器。

líng dào lóng
伶盗龙

生存年代	白垩纪晚期	身　　长	2.1 米
分布区域	中国内蒙古、蒙古国	体　　重	0.015 吨
		食　　性	肉食

líng dào lóng yě jiào xùn měng lóng　　lā dīng

伶盗龙也叫迅猛龙，拉丁

wén yì wéi　mǐn jié de dào zéi　　líng dào lóng
文意为“敏捷的盗贼”。伶盗龙

de tóu bù jiào dà　shuō míng tā men fēi cháng cōng
的头部较大，说明它们非常聪

míng　qí yá chǐ shàngmiàn yǒu jù chǐ　kě zhèng
明。其牙齿上面有锯齿，可证

míng líng dào lóng jīng cháng bǔ zhuō xíng dòng shí fēn
明伶盗龙经常捕捉行动十分

mǐn jié de liè wù
敏捷的猎物。

伶盗龙的身上有羽毛，可在孵蛋时为蛋保暖。

sì tuó lóng

似鸵龙

生存年代	白垩纪晚期		
分布区域	北美洲	体　　重	0.15 吨
身　　长	4.3 米	食　　性	杂食

sì tuó lóng de wài xíng hěn xiàng tuó niǎo

似鸵龙的外形很像鸵鸟，

qí tóu bù xiǎo　bó
其头部小、脖

zi cháng　shēn tǐ jié gòu qīng qiǎo　bú guò yá chǐ
子长，身体结构轻巧，不过牙齿

yǐ jīng tuì huà le　sì tuó lóng yì bān zhǐ chī zhí
已经退化了。似鸵龙一般只吃植

wù de zhǒng zi hé guǒ shí　yǒu shí hou yě huì bǔ
物的种子和果实，有时候也会捕

shí yì xiē bǔ rǔ dòng wù huò kūn chóng
食一些哺乳动物或昆虫。

似鸵龙的腿部很强壮，可用来踢打那些捕食者。

恐手龙

生存年代	白垩纪晚期
分布区域	蒙古国
身　长	13 米
体　重	9~10 吨
食　性	杂食

恐手龙

kǒng shǒu lóng kuài tóu
块头

hěn dà　shì yì zhǒng bèn zhòng de
很大，是一种笨重的

kǒng lóng　qí xué míng lái zì xī là wén de　kǒng bù de shǒu
恐龙，其学名来自希腊文的“恐怖的手”。

kǒng shǒu lóng huì yòng qián zhī lái qǔ shí zhí wù huò yú lèi
恐手龙会用前肢来取食植物或鱼类。

yīn wèi tài bèn zhòng le　suǒ yǐ tā men de xíng dòng jí
因为太笨重了，所以它们的行动极

qí huǎn màn　fǎn yìng yě hěn chí dùn
其缓慢，反应也很迟钝。

guān lóng

冠龙

生存年代	白垩纪晚期		
分布区域	北美洲	体　重	4 吨
身　长	9~10 米	食　性	植食

guān lóng shì yā zuǐ

冠龙是鸭嘴

lóng lèi zhōng zhù míng de kǒng lóng zhī
龙类中著名的恐龙之

yī　tā men yuē yǒu yí liàng gōng gòng qì chē nà
一。它们约有一辆公共汽车那

me cháng　píng shí zhǐ yī kào hòu tuǐ xíng zǒu　jìn shí shí zé yòng jiào
么长，平时只依靠后腿行走，进食时则用较

duǎn de qián zhī lái zhī chēng shēn tǐ　guān lóng yì bān bú huì dān dú huó
短的前肢来支撑身体。冠龙一般不会单独活

dòng　ér shì huì yǔ qí tā guān lóng tóng bàn yì qǐ xíng dòng
动，而是会与其他冠龙同伴一起行动。

冠龙的脚趾上没有锋利的爪，所以无法很好抵御捕食者的袭击。

副栉龙
fù zhì lóng

fù zhì lóng shì yì zhǒng jì néng yòng èr zú fāng shì yòu néng yòng

副栉龙是一种既能用二足方式，又能用四足方式行走的恐龙。它们的冠饰向后

wān qū fēi cháng xǐng mù fù zhì lóng de
弯曲，非常醒目。副栉龙的

zhè ge guān shì jì kě yǐ xī yǐn yì xìng
这个冠饰既可以吸引异性，

yòu néng fā chū dī chén de shēng yīn xiàng
又能发出低沉的声音，向

tóng bàn fā chū wēi xiǎn jǐng bào
同伴发出危险警报。

副栉龙头上的冠饰十分修长，约有1.5米。

生存年代	白垩纪晚期
分布区域	北美洲
身　长	约 9 米
体　重	约 2.5 吨
食　性	植食

43

cí mǔ lóng de zuǐ ba hěn tè bié bí zi hòu hòu de suī rán zhǎng xiàng qí tè dàn cí mǔ lóng

慈母龙

慈母龙的嘴巴很特别，鼻子厚厚的。虽然长相奇特，但慈母龙

shí fēn téng ài zì jǐ de hái zi rú guǒ xū yào qù bǔ shí tā men huì ràng qí tā de kǒng lóng bāng máng
十分疼爱自己的孩子，如果需要去捕食，它们会让其他的恐龙帮忙

zhào kàn kǒng lóng dàn dàn fū huà hòu tā men yě huì jīng xīn zhào gù yòu zǎi
照看恐龙蛋。蛋孵化后，它们也会精心照顾幼崽。
cí mǔ lóng

生存年代	白垩纪晚期
分布区域	北美洲
身　长	6 ~ 9 米
体　重	约 2 吨
食　性	植食

慈母龙的后肢比前肢要长，而且更加强壮，因此只用后腿奔跑时速度更快。

甲龙的头部比较小，周围有鳞片和尖刺的保护。

生存年代	白垩纪晚期		
分布区域	北美洲	体　重	约 2~7 吨
身　长	5~10 米	食　性	植食

jiǎ lóng
甲龙

jiǎ lóng cóng bù dān xīn bèi ròu shí xìng kǒng lóng xí jī yīn wèi tā men de shēn tǐ fù gài zhe hòu hòu de jiǎ bǎn jiù xiàng shì tǎn kè de zhuāng jiǎ cǐ wài tā men tóu dǐng shàng de yí duì jiān jiǎo wěi ba mò duān de gǔ chuí dōu shì jí qí qiáng dà de fáng yù wǔ qì

甲龙从不担心被肉食性恐龙袭击，因为它们的身体覆盖着厚厚的甲板，就像是坦克的装甲。此外，它们头顶上的一对尖角、尾巴末端的骨锤，都是极其强大的防御武器。

sān jiǎo lóng
三角龙

生存年代	白垩纪晚期		
分布区域	北美洲	体　重	约 5 吨
身　长	8~9 米	食　性	植食

sān jiǎo lóng de zhǎng xiàng fēi cháng qí tè é tóu shàng yǒu liǎng zhī yì mǐ duō cháng de dà jiǎo bí zi shàng fāng hái zhǎng zhe yì zhī jiān jiān de duǎn jiǎo zhè sān zhī jiǎo dōu shì shí xīn de gǔ tou fēi cháng jiān yìng sān jiǎo lóng yí dàn fā nù jiù lián bà wáng lóng yě yào tuì bì sān shè

三角龙的长相非常奇特，额头上有两只一米多长的大角，鼻子上方还长着一只尖尖的短角。这三只角都是实心的骨头，非常坚硬。三角龙一旦发怒，就连霸王龙也要退避三舍。

五角龙

生存年代	白垩纪晚期
分布区域	北美洲
身　长	约 8 米
体　重	约 5.5 吨
食　性	植食

虽然叫作五角龙，但它们实际上只长有三只角，另外两只角是脸颊上的突起。虽然五角龙颈部的盾板确实令人惊叹，但其却很容易折断，只能用来吓唬敌人。

五角龙头上的大角和颈部巨大的盾板十分显眼。

野牛龙

生存年代	白垩纪晚期		
分布区域	北美洲	体　重	约 1 吨
身　长	约 6 米	食　性	植食

野牛龙就像野牛一样，拥有粗壮的四肢、短小的尾巴。此外，野牛龙还长有小型头盾，头盾顶端还长有一对大尖角。如果受到袭击，它们会怒气冲冲地用大角攻击敌人。

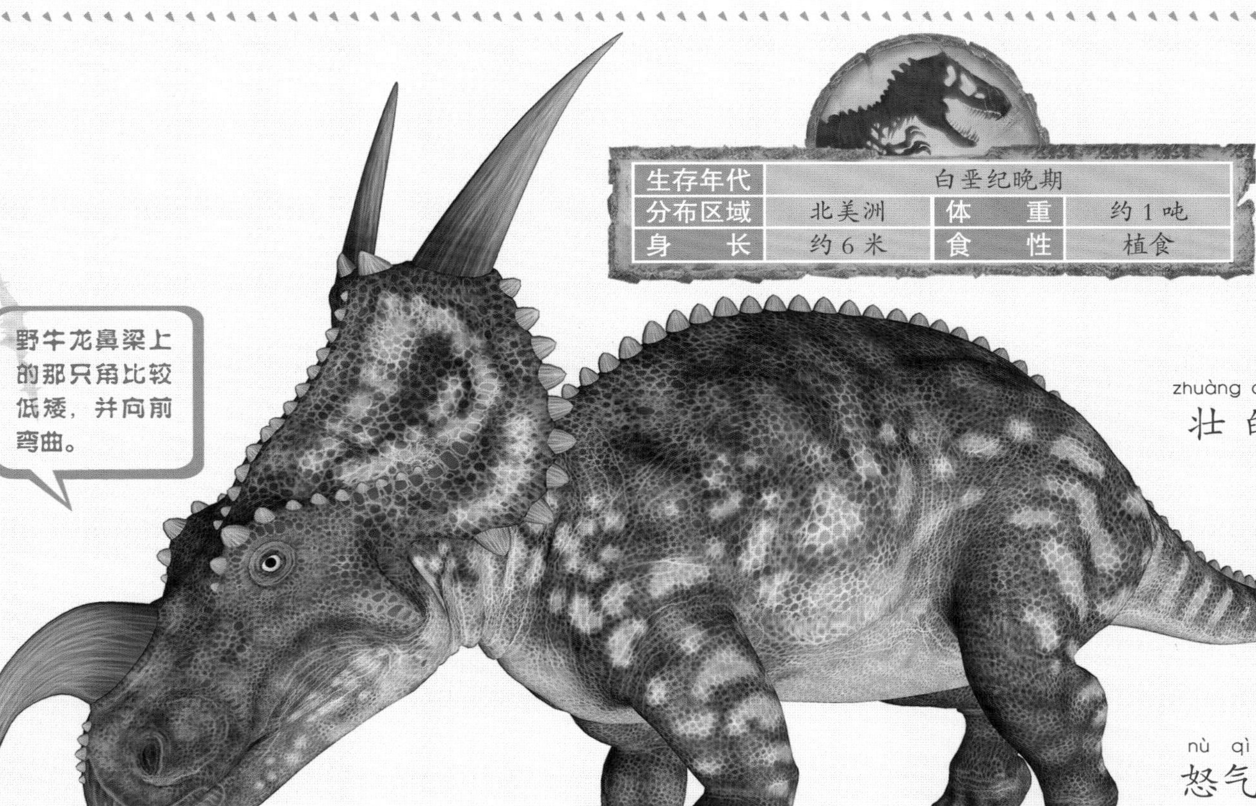

野牛龙鼻梁上的那只角比较低矮，并向前弯曲。

生存年代	白垩纪晚期
分布区域	北美洲
身　长	约 6 米
体　重	约 3 吨
食　性	植食

河神龙的四肢很粗壮，
上面还长着数只指爪。

hé shén lóng

河神龙

hé shén lóng de zuǐ hé yīng wǔ de
河神龙的嘴和鹦鹉的
zuǐ hěn xiàng dōu shì fēng lì de huì zhuàng
嘴很像，都是锋利的喙状
zuǐ jǐng bù zhǎng yǒu jù xíng dùn bǎn dùn
嘴；颈部长有巨型盾板，盾
bǎn dǐng duān zhǎng zhe liǎng zhī wān qū de dà jiǎo
板顶端长着两只弯曲的大角。
hé shén lóng de sì zhī yòu cū yòu zhuàng hěn shì hé kuài
河神龙的四肢又粗又壮，很适合快
sù bēn pǎo
速奔跑。

ā bèi lì lóng

阿贝力龙

ā bèi lì lóng zhǎng de hé bà wáng lóng
阿贝力龙长得和霸王龙
yǒu diǎnr xiàng dàn qián zhī yào shāo cháng yì xiē
有点儿像，但前肢要稍长一些。
qí huà shí shì bèi yí wèi míng jiào luó bó tè ā bèi lì
其化石是被一位名叫罗伯特·阿贝力
de bó wù guǎn guǎn zhǎng fā xiàn de tā men yě yīn cǐ ér dé
的博物馆馆长发现的，它们也因此而得
míng ā bèi lì lóng yòng liǎng tiáo hòu tuǐ xíng zǒu qián zhī bìng
名。阿贝力龙用两条后腿行走，前肢并
bù shí fēn fā dá
不十分发达。

生存年代	白垩纪晚期
分布区域	阿根廷
身　长	约 10 米
体　重	约 4.5 吨
食　性	肉食

食肉牛龙
shí ròu niú lóng

shí ròu niú lóng de tóu shàng yǒu yí duì jiǎo jiù

食肉牛龙的头上有一对角，就

xiàng niú jiǎo yí yàng　tā men yě yīn cǐ ér dé míng
像牛角一样，它们也因此而得名。

shí ròu niú lóng de pí fū shì āo tū bù píng de　shàng
食肉牛龙的皮肤是凹凸不平的，上

miàn hái yǒu hěn duō yuányuán de tū qǐ　cǐ wài　tā
面还有很多圆圆的突起。此外，它们还有着肉食性恐龙中著名的

dà cháng tuǐ
大长腿。

生存年代	白垩纪晚期
分布区域	阿根廷
身　　长	约 8 米
体　　重	约 2.3 吨
食　　性	肉食

食肉牛龙的后腿很长，奔跑速度快，它们也因此被称作“白垩纪的猎豹”。

奥卡龙
ào kǎ lóng

ào kǎ lóng shì shí ròu niú lóng zú zhōng tǐ xíng piān

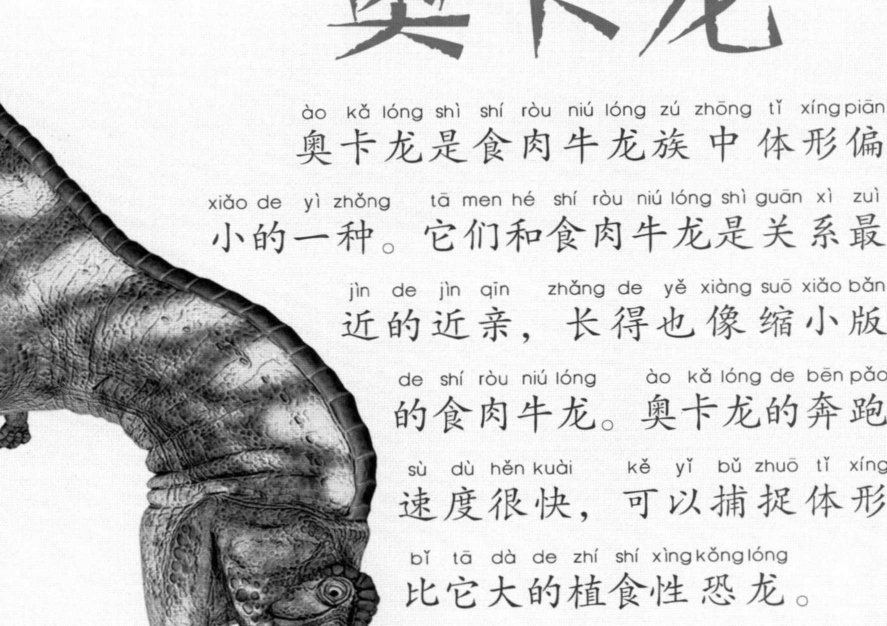

奥卡龙是食肉牛龙族中体形偏

xiǎo de yì zhǒng　tā men hé shí ròu niú lóng shì guān xì zuì
小的一种。它们和食肉牛龙是关系最

jìn de jìn qīn　zhǎng de yě xiàng suō xiǎo bǎn
近的近亲，长得也像缩小版

de shí ròu niú lóng　ào kǎ lóng de bēn pǎo
的食肉牛龙。奥卡龙的奔跑

sù dù hěn kuài　kě yǐ bǔ zhuō tǐ xíng
速度很快，可以捕捉体形

bǐ tā dà de zhí shí xìng kǒng lóng
比它大的植食性恐龙。

奔跑时奥卡龙会用灵活的长尾巴来保持身体的平衡。

生存年代	白垩纪晚期
分布区域	阿根廷
身　　长	约 5 米
体　　重	约 0.75 吨
食　　性	肉食

生存年代	白垩纪晚期
分布区域	马达加斯加岛
身　　长	6~7 米
体　　重	1.2~1.8 吨
食　　性	肉食

玛君龙长长的尾巴可以平衡头部和胸部的重量。

mǎ jūn lóng

玛君龙

mǎ jūn lóng shì yì zhǒng zuǐ ba hěn kuān dà
玛君龙是一种嘴巴很宽大
de ròu shí xìng kǒng lóng kē xué jiā rèn wéi
的肉食性恐龙。科学家认为，
mǎ jūn lóng de bǔ liè fāng shì kě néng yǔ xiàn zài de māo kē
玛君龙的捕猎方式可能与现在的猫科
dòng wù bǐ jiào xiāng sì tā men huì jǐn jǐn de yǎo zhù
动物比较相似。它们会紧紧地咬住
liè wù bù sōng kǒu zhí dào liè wù bèi zhì fú wéi zhǐ
猎物不松口，直到猎物被制服为止。

mǎ pǔ lóng

马普龙

mǎ pǔ lóng de tǐ xíng
马普龙的体形
bǐ shā chǐ lóng hé nán fāng jù shòu lóng
比鲨齿龙和南方巨兽龙
hái yào dà jù dà de shēn qū hé fēng lì de yá chǐ
还要大，巨大的身躯和锋利的牙齿
ràng tā men chéng le dāng shí zuì xiōng měng de kǒng
让它们成了当时最凶猛的恐
lóng bà zhǔ dàn gèng kě pà de shì mǎ pǔ lóng hái
龙霸主。但更可怕的是，马普龙还
xǐ huan yǐ qún tǐ hé zuò de fāng shì bǔ shí gòng tóng
喜欢以群体合作的方式捕食，共同
wéi bǔ dà xíng liè wù
围捕大型猎物。

与它的近亲鲨齿龙一样，马普龙的牙齿也十分锋利。

生存年代	白垩纪晚期
分布区域	阿根廷
身　　长	10~15 米
体　　重	8~13 吨
食　　性	肉食

艾伯塔龙

ài bó tǎ lóng

早在霸王龙出现的三百万年前，凶猛的艾伯塔龙便开始在北美洲横行了。它们虽然比霸王龙小得多，但行动也因此十分敏捷。艾伯塔龙嘴里的牙齿十分锋利，能瞬间撕裂坚韧的皮肉。

艾伯塔龙的后腿粗壮有力，奔跑速度极快。

生存年代	白垩纪晚期
分布区域	加拿大
身　长	6~9 米
体　重	2~3 吨
食　性	肉食

矮暴龙

ǎi bào lóng

尽管越来越多的证据证明，矮暴龙就是幼年时期的霸王龙，但与霸王龙相比，体形稍小的矮暴龙前肢更大一些，牙齿数量也不相同。除此之外，矮暴龙在牙齿形状、大脑结构方面也都与霸王龙存在差异。

矮暴龙的牙齿边缘呈锯齿状，不能承受过大的重力负荷。

生存年代	白垩纪晚期
分布区域	美国
身　长	5~7 米
体　重	约 1 吨
食　性	肉食

霸王龙

bà wáng lóng kě yǐ shuō shì zuì wéi rén men suǒ shú zhī de yì zhǒng kǒng lóng　　tā men yě shì míng fù qí
霸王龙可以说是最为人们所熟知的一种恐龙。它们也是名副其

shí de kǒng lóng　　bà wáng　　　zài tā men shēng huó de shí qī　　jī hū méi yǒu shí me dòng wù néng yǔ zhī kàng
实的恐龙“霸王”。在它们生活的时期，几乎没有什么动物能与之抗

héng　chéng nián bà wáng lóng de yǎo hé lì jīng rén　kě dá　　dūn
衡。成年霸王龙的咬合力惊人，可达 4～6 吨。

bà　　wáng　　lóng

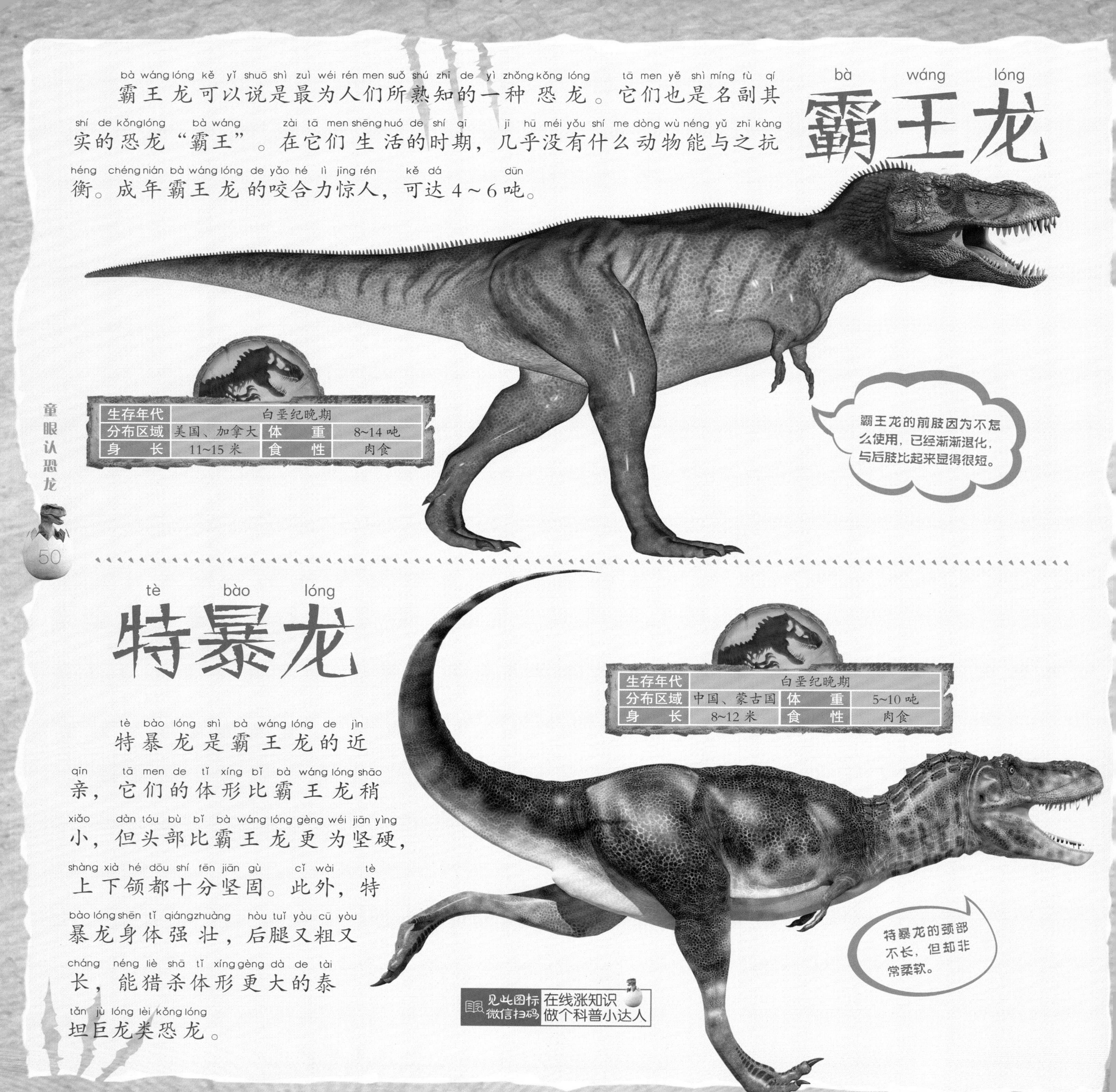

生存年代	白垩纪晚期		
分布区域	美国、加拿大	体　重	8~14 吨
身　长	11~15 米	食　性	肉食

童眼认恐龙

50

> 霸王龙的前肢因为不怎么使用，已经渐渐退化，与后肢比起来显得很短。

tè　　bào　　lóng

特暴龙

tè bào lóng shì bà wáng lóng de jìn

生存年代	白垩纪晚期		
分布区域	中国、蒙古国	体　重	5~10 吨
身　长	8~12 米	食　性	肉食

特暴龙是霸王龙的近

qīn　　tā men de tǐ xíng bǐ bà wáng lóng shāo
亲，它们的体形比霸王龙稍

xiǎo　dàn tóu bù bǐ bà wáng lóng gèng wéi jiān yìng
小，但头部比霸王龙更为坚硬，

shàng xià hé dōu shí fēn jiān gù　　cǐ wài　　tè
上下颌都十分坚固。此外，特

bào lóng shēn tǐ qiáng zhuàng　hòu tuǐ yòu cū yòu
暴龙身体强壮，后腿又粗又

cháng　néng liè shā tǐ xíng gèng dà de tài
长，能猎杀体形更大的泰

tǎn jù lóng lèi kǒng lóng
坦巨龙类恐龙。

见此图标
微信扫码　在线涨知识
做个科普小达人

> 特暴龙的颈部不长，但却非常柔软。